物流服务与管理专业新形态一体化系列教材

电动叉车操作实务

主　编　庄小灵　李水根

副主编　王　伟　娄俊屹

参　编　姚永正　唐萍萍　董玉状

李吉龙　闫君佳　郑城永

倪君海　劳婷超

北京理工大学出版社
BEIJING INSTITUTE OF TECHNOLOGY PRESS

图书在版编目（CIP）数据

电动叉车操作实务／庄小灵，李水根主编.－－北京：
北京理工大学出版社，2021.11
ISBN 978-7-5763-0776-4

Ⅰ.①电⋯　Ⅱ.①庄⋯②李⋯　Ⅲ.①电力传动－叉
车－中等专业学校－教材　Ⅳ.①TH242

中国版本图书馆CIP数据核字（2021）第260986号

出版发行／北京理工大学出版社有限责任公司

社　　　址／北京市海淀区中关村南大街5号

邮　　　编／100081

电　　　话／（010）68914775（总编室）
　　　　　　（010）82562903（教材售后服务热线）
　　　　　　（010）68944723（其他图书服务热线）

网　　　址／http://www.bitpress.com.cn

经　　　销／全国各地新华书店

印　　　刷／河北佳创奇点彩色印刷有限公司

开　　　本／889毫米×1194毫米　1/16

印　　　张／12.5

字　　　数／264千字

版　　　次／2021年11月第1版　2021年11月第1次印刷

定　　　价／47.00元

责任编辑／王晓莉
文案编辑／王晓莉
责任校对／刘亚男
责任印制／边心超

前言

　　电动叉车作业是中职物流专业的重要技能之一，本书将叉车技能竞赛的理念融入教学，并将任务目标与学校的实训条件相结合，书中的学习场所为学校的实训室，书中的设施设备为学校的设施设备，切实让物流专业的学生可学习、可操作。本书采用任务教学，每个任务由任务描述、任务目标、任务准备、任务实施、任务评价、任务小结、任务拓展模块组成。用任务引领教学可以更好地达到教学目的。

　　本书旨在提升中职物流专业学生的职业技能和职业素养，从职业岗位要求出发，以提高职业能力和技能为核心，体现了职业教育特色。本书具有以下四个特点：①技能落地有抓手。通过"任务实施"的步骤图解、三维视频以及技能充电，让学生快速知晓技能要点，并通过"做中学，学中做"真正掌握技能。②素养提升有内涵。每个任务都设有素养考核内容，理论方面考查态度素养，实操方面考查职业素养，通过"一学一考评，次次有提高"全面提升学生的素养。③能力拓展有空间。通过"任务拓展"，进一步提升学生的理论和实操能力，并体现出分层教学理念。④思维形成有规划。通过"任务评价""任务小结"，给学生一个思考平台，体现出"教、学、做、思"合一，符合现代物流专业人才培养的要求。

　　本书有两大亮点：

　　一是结合了当下流行的"互联网＋技能教学"理念。每个实操任务都设置了二维码，读者可以直接扫描二维码获取相应学习资源（自编习题、自制视频等）进行在线学习。

　　二是产教融合。书中企业师傅讲解叉车作业的注意事项与操作技巧，既有金玉良言，又有关爱之语，生动形象，

PREFACE

深入人心。

  本书以电动叉车基础知识与操作为主线，主要内容包括教学内容走近叉车、叉车驾驶、叉车作业和叉车管理4个模块，建议采用74课时，具体课时分配见下表：

模块	项目	建议课时
模块一　走近叉车	项目一　认识电动叉车	2
	项目二　岗位作业认知	2
	项目三　安全驾驶规范	2
模块二　叉车驾驶	项目一　驾驶基础	4
	项目二　场地驾驶	20
模块三　叉车作业	项目一　情境作业	28
	项目二　综合作业	10
模块四　叉车管理	项目一　叉车日常管理	4
	项目二　特殊情况处理	2

  本书由庄小灵、李水根担任主编，王伟、娄俊屹担任副主编。参与编写的还有姚永正、唐萍萍、董玉状、李吉龙、闫君佳、郑城永、倪君海、劳婷超。具体分工如下：姚永正、唐萍萍负责模块一的编写；娄俊屹、闫君佳、郑城永负责模块二的编写；庄小灵、李水根、倪君海、劳婷超负责模块三的编写；李吉龙、董玉状、王伟负责模块四的编写。

  本书在编写过程中还得到了网赢如意仓供应链股份有限公司、浙江经济职业技术学院、杭州市财经职业学校、杭州市富阳区职业教育中心、杭州市良渚职业高级中学、嘉兴市交通学校、宁波市鄞州职业高级中学等的大力支持。

  由于编者水平有限，书中难免有不足之处，恳请读者提出宝贵的意见和建议，以求不断改进和完善。

编　者

目 录

CONTENTS

模块一　走近叉车

随着科学技术的发展以及人们对环保的重视，电动叉车的应用越来越广泛。在认识电动叉车项目中，学习者将了解电动叉车的含义、分类以及基本结构。

认识电动叉车项目包括两个任务：

任务一 认识常见叉车种类

任务二 认识电动叉车结构

任务一 认识常见叉车种类

【任务描述】

小李同学在学长的带领下参观校园，这时他发现一个正在移动的"大家伙"，忙问学长："这是铲车吗？""是的，我们一般叫它叉车，"学长回答后又反问小李，"你知道什么是叉车吗？叉车有哪些类型？"

【任务目标】

1. 知晓电动叉车的含义、功能与作用。
2. 熟悉电动叉车的分类与性能参数。
3. 了解电动叉车的发展趋势。

【任务准备】

电动叉车是叉车大家族中的重要成员。世界叉车的起源，最早可以追溯到1917年，美国克拉克公司发明了世界上第一台单缸带有升降装置（前轮转向）的叉车。1932年，该公司又推出了真正意义上的叉车（前轮驱动，后轮转向），成为现代叉车的真正雏形和"鼻祖"。该叉车一经面世，就被用于军事领域。在第二次世界大战中，叉车用于机场和港口装卸军用物资，在战争中发挥了重要作用，如今叉车主要运用于工业领域。电动叉车的出现，为社会可持续发展贡献着力量，它凭借着自身零排放、零污染和低能耗的环保节能特点占领着叉车市场的大部分份额，成为众多企业最中意的物流产品之一。

　　我国第一台 1.5 t 平衡重式蓄电池叉车生产于 1954 年，由沈阳电工机械厂试制成功，正式拉开了中国叉车制造的序幕。在中国叉车行业蓬勃发展的 60 多年里，中国叉车行业的老前辈值得人们铭记，他们是刘汉生（合力）、凌忠社（合力）、徐善继（起重所）、赵己铭（中国叉车公司）、辛毓雄（起重所、林德）、戴东辉（杭叉）、梁田（大叉）、冯宝珊（起重所）、苏恩一（CITA）等，获得权威机构颁布的中国工业车辆行业终身贡献奖，为中国叉车行业贡献了力量。

一、了解电动叉车的含义与功能作用

　　电动叉车是以电动机为动力，大多数以蓄电池为能源的一种工业搬运车辆，它无废气污染，能够对成件托盘货物进行装卸、堆垛和短距离运输作业，国际标准化组织 ISO/TC110 称之为工业车辆，常被用于仓储大型物件的运输。

　　电动叉车除了操作控制简便、灵活外，其操作人员的操作强度相对内燃叉车而言要轻很多，其电动转向系统、加速控制系统、液压控制系统以及刹车系统都由电信号来控制，这大大降低了操作人员的劳动强度，对于提高工作效率以及工作的准确性有非常大的帮助。相较于内燃叉车，电动叉车低噪声、无尾气排放的优势也已得到许多用户的青睐。另外，选用电动叉车还有一些技术方面的原因。电子控制技术的快速发展使得电动叉车操作变得越来越舒适，适用范围越来越广，解决物流的方案越来越多。随着经济的发展和环保节能要求的提高，电动叉车迅猛发展，市场销量逐年上升，尤其是在港口、仓储及烟草、食品、轻纺等行业，电动叉车正逐步替代内燃叉车。

　　电动叉车的基本作业功能分为水平搬运、堆垛 / 取货、装货 / 卸货、拣选等，其具有以下优势：

　　（1）节约劳动力，减轻劳动强度。一台叉车工作量水平相当于 8 ～ 15 个装卸工人。

　　（2）缩短作业时间，提高作业效率，加速车船的周转。

　　（3）提高仓库容积利用率，节能环保。

　　（4）减少货物破损，提高作业质量，保障作业的安全性与可靠性。

　　学习了电动叉车的概念与功能作用后，我们如何知道一辆叉车的型号呢？国内的叉车编号主要参考《平衡重式叉车基本参数》（JB/T 2391—2017）进行编号，叉车型号的编制方法是：第一位为叉车代号，用字母 C 表示；第二位为结构形式代号，指叉车的类型，P 表示平衡重式，C 表示此侧叉式，Q 表示前移式，X 表示集装箱叉车，B 表示低起升高度插腿式，T 表示插腿式，Z 表示跨入插腿式，P 表示平衡重式；第三位为动力类型代号，Q 表示内燃汽油叉车，C 表示内燃柴油叉车，D 表示动力装置为蓄电池（电瓶）；字母后面的数字为额定起重量。以 CPD15 型 1.5 t 平衡重式叉车为例说明，如图 1-1 所示。

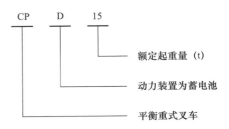

图 1-1　CPD15 型 1.5 t 平衡重式叉车型号编制方法

二、熟悉电动叉车类型

根据电动叉车的特征可将其分为平衡重式电动叉车、电动托盘搬运叉车、电动托盘堆垛叉车、前移式电动叉车、电动拣选叉车、电动牵引车、无人驾驶叉车等。

1．平衡重式电动叉车

如图 1-2 所示，平衡重式电动叉车是车体前方装有升降货叉、车体尾部装有平衡重块的起升车辆，其以电动机提供动力，蓄电池为能源，常见承载能力为 1 ～ 4.8 t，作业通道宽度为 3.5 ～ 5 m，没有污染，噪声小，使用广泛。

2．电动托盘搬运叉车

电动托盘搬运叉车又称电动托盘车或电动搬运车，是一种在国内外应用越来越广泛，且市场潜力巨大的轻小型仓储工业车辆。电动托盘搬运叉车的主要功能为实现托盘货物在平面上点到点的移动，因此没有门架起升系统，适用于注重搬运、无须堆垛的场所。电动托盘搬运叉车有自走式、站驾式、座驾式三种类型，适用于重载及长时间货物转运工况，可大大提高货物搬运效率，减轻劳动强度。图 1-3 所示为电动托盘搬运叉车。

图 1-2　平衡重式电动叉车

图 1-3　电动托盘搬运叉车

3．电动托盘堆垛叉车

电动托盘堆垛叉车是一种轻型的室内提升堆垛设备，侧重于堆垛功能，因车身轻巧，广泛应用于仓库、货场中货架上托盘及货物的存取及短距离运输。图 1-4 所示为电动托盘堆垛叉车。

4．前移式电动叉车

如图 1-5 所示，前移式电动叉车的起升机构可以在叉车纵向前后移动，具有较好的灵活性、高起升安全性和稳定性，其载重范围通常为 1 ～ 2.5 t，起升高度可达 12 m，适用于空间狭窄、对起升高度要求较高的工况，多用于高层仓储库房。

5．电动拣选叉车

电动拣选叉车属于仓储叉车的一类，主要由举升系统、车身系统和电气系统组成，适用于仓储类进行的拣选作业，可分为低位拣选叉车（2.5 m 内）和中高位拣选叉车（最高可达 10 m）。图 1-6 所示为电动拣选叉车。

图 1-4　电动托盘堆垛叉车

图 1-5　前移式电动叉车

6．电动牵引车

电动牵引车是由电机带动的，一般最大牵引力为 1 000 ～ 20 000 kg，行驶速度为 0 ～ 15 km/h。根据用途，电动牵引车可分为座驾式电动牵引车、站驾式电动牵引车、迷你型牵引车、电动双驱动牵引车、手扶式电动牵引车、电动物料牵引车以及牵引式电动堆高车等很多类型。电动牵引车常用于机场、车展、邮政、工业等行业，可大大提高搬运效率，为企业创造价值。图 1-7 所示为电动牵引车。

图 1-6　电动拣选叉车

图 1-7　电动牵引车

7．无人驾驶叉车

无人驾驶叉车是指以全自动方式运输、提升、下降或取回货物，无须人工操作，或在半自动模式下由人工操作的配备有货叉并且可以执行以上操作的工业车辆。近年来，受工厂智能化、人力成本增长等外界因素的影响，加上工厂内部物流、物流仓储对柔性化程度较高的自动化设备搬运要求逐渐提高，仓储物流工作逐渐向自动化、智能化方向转型发展，无人驾驶叉车开始被越来越多的企业所青睐。图 1-8 所示为无人驾驶智能叉车。

图 1-8　无人驾驶智能叉车

三、熟悉电动叉车的主要技术参数与性能参数

电动叉车的技术参数主要表明叉车的性能和结构特征，包括电动叉车的性能参数、尺寸参数等，其中，性能参数有额定起重量、载荷中心距、最大起升高度、最小转弯半径、最大爬坡度、最小离地间隙等；尺寸参数有轴距、护顶高度、整体宽度等。表 1-1 至表 1-3 列出了杭州中力叉车的主要技术参数。

表 1-1 杭州中力叉车的主要技术参数（特征）

参数	国际单位（代号）	型号	
		CPD15	CPD20
动力型式	—	电动	电动
操作类型	—	座驾式	座驾式
额定载荷	Q（kg）	1 500	2 000
载荷中心距	c（mm）	500	500
前悬距	x（mm）	413	435
轴距	y（mm）	1 410	1 410

表 1-2 杭州中力叉车的主要技术参数（尺寸）

参数	国际单位（代号）	型号	
		CPD15	CPD20
门架及货叉前后倾角	α/β（°）	6/10	6/10
门架下降后的最低高度	h_1（mm）	2 170	2 170
自由起升高度	h_2（mm）	120	120
标配门架最大起升高度	h_3（mm）	3 000	3 000
起升最高时的门架高度	h_4（mm）	4 010	4 010
护顶（驾驶舱）高度	h_6（mm）	2 170	2 170
座椅及站台的高度	h_7（mm）	1 160	1 160
牵引耦合器高度	h_{10}（mm）	335	350
整车长度	l_1（mm）	3 085	3 200
到货叉垂直面的长度	l_2（mm）	2 165	2 280
整体宽度	b_1/b_2（mm）	1 080/1 070	1 080/1 070
货叉尺寸	$s/e/l$（mm）	40/100/920	40/100/920
货叉架类型 A、B		2A	2A
货叉架外宽	b_3（mm）	1 085	1 085

续表

参数	国际单位（代号）	型号	
		CPD15	CPD20
车身最小离地间隙	m_2（mm）	110	100
托盘为 1 000×1 200 交叉的通道宽度	Ast（mm）	3 673	3 780
托盘为 800×1 200 交叉的通道宽度	Ast（mm）	3 873	3 980
转弯半径	Wa（mm）	2 060	2 145

表 1-3　杭州中力叉车的主要技术参数（性能）

参数	国际单位（代号）	型号	
		CPD15	CPD20
行走速度，满载 / 空载	km/h	12/12.5	12/12.5
起升速度，满载 / 空载	m/s	0.25/0.45	0.25/0.45
下降速度，满载 / 空载	m/s	0.45/0.44	0.45/0.44
牵引力，满载 / 空载	N	—	—
最大牵引力，满载 / 空载	N	11 000	11 000
坡度，满载 / 空载	%	—	—
最大爬坡度，满载 / 空载	%	10.5/14	10.5/14
行车制动类型		液压 机械	液压 机械
驻车制动类型		机械	机械

【任务实施】

活动一：1．两人一组，全班分组。

2．一名学生负责随机写出叉车型号，另一名学生说出叉车型号的意义。

3．学生分享、自评、互评。

4．教师点评。

活动二：1．两人一组，全班随机分组。

2．一名学生负责选图，另一名学生说出图片中叉车的名称和作用。

3．两名学生互换操作步骤，再看图辨别叉车。

4．学生自评、互评。

5．教师点评。

活动三：1．根据表 1-1、表 1-2、表 1-3 中叉车的技术参数内容，完成表 1-4 的填写。

2．填写完成后，两名学生相互批阅。

3．学生自评、互评。

4．教师点评。

表 1-4 填表练习

叉车型号	额定载荷	载荷中心距	行驶速度（满载）	车身最小离地间隙	最大牵引力（满载）
CPD15					
CPD20					

【任务评价】

小组名称				成员名单		
学习效果考评（每个 15 分）	1．电动叉车定义					
	2．电动叉车型号编号					
	3．看图辨别叉车					
	4．叉车技术参数					
态度素养考评	考评项目	分值	组内评价	他组评价	老师评价	实际评分
	不迟到、不早退，积极参与教学	20				
	掌握本任务教学重点，并能进行知识拓展	20				

【任务小结】

姓名		班级		日期	
授课教师			任务名称		

任务内容解读：

1．电动叉车定义。

2．电动叉车型号编号。

3．电动叉车类型及技术参数。

续表

姓名		班级		日期	
授课教师			任务名称		

任务操作反馈：

1．今天的操作内容你掌握了吗？（　　　）

A．完全掌握（100%）　　　　　　　　B．基本掌握（80%）

C．勉强掌握（60%）　　　　　　　　　D．没有掌握（60%以下）

2．本次任务哪个或哪几个步骤操作比较难，需要进一步练习？

任务完成反思：

1．本次任务有什么收获？

2．本次任务有需要自我改进的地方吗？

【任务拓展】

1．挑选电动叉车的方法

市场上的电动叉车款型很多，除了参考本书学习任务中电动叉车的技术参数与性能参数外，以下几点内容亦可供参考。

（1）不同环境：如电动托盘堆垛车必须在硬质地面使用，地面平整度不能相差太大，如果是油脂、油漆地面，必须选用防滑型电动叉车。

（2）不同工作量：不同的工作量选择相对匹配的蓄电池，订购时用户须加以说明，生产时可根据用户的工作量选用匹配的蓄电池。

（3）不同的货物体积：所搬运货物的大小关系到货叉的载荷中心，货叉的长短又关系到叉车的承载能力，因此选择合适的货叉、电动叉车特别重要。

（4）不同的货物起升高度：一般在 1.6 m 内，每上升 200 mm，电动叉车的载重量会下降 50 kg，根据所搬运货物的高度与重量选择合适的电动叉车。

（5）不同的通道大小：通道的大小关系到电动叉车的转弯半径，选购电动叉车时须加以注意。

2．电动叉车的未来发展趋势

（1）节能化，环保化。排放少、噪声小的电动叉车日渐受市场欢迎。目前国内电动叉车的产量占国内电动叉车总量的 10% ～ 15%，远低于国际平均水平，市场潜力巨大，有不断上升的趋势。另外，快速充电技术日趋成熟，目前充电电流可达到传统充电电流的 4 倍以上，充电时间更短、效率更高成为电动叉车的发展趋势之一。

（2）专业化，微型化。国内大型物流基地、配送中心的建立，刺激了对室内搬运机械需求的增长。专业化、多品种的仓储电动叉车迅速发展。为了尽可能地用机器作业

替代人力劳动，提高生产效率，适应城市狭窄施工场所以及在货栈、码头、仓库、舱位、农舍、建筑物层内和地下工程作业环境的使用要求，小型及微型电动叉车得到了较快的发展。

（3）人性化，安全性高。未来电动叉车将更加注重人类功效学，司机操作将更加舒适，更能集中注意力工作，进而提高作业安全性与生产效率。

（4）无人化、智能化。高可靠性、性能创新的产品，以及装备先进的机电一体化电动叉车市场前景不错。以仓储配送发展为依托，计算机技术、物联网技术、5G 技术在电动叉车上逐步得到推广应用，并纳入信息化控制。无人驾驶叉车将适用于特殊环境的需要，具有较大的发展空间。

任务二　认识电动叉车结构

【任务描述】

经过学长细致的讲解之后，小李对叉车有了一些比较直观的了解。这时，学长笑着说："小李同学，我们经常见到的那种叉车，它的学名为'平衡重式叉车'，我们学校是电动款的，这一点你应该有所了解。现在我就来给你近距离介绍一下电动叉车的基本结构。"

【任务目标】

1. 知晓电动叉车外部结构，包括仪表盘、驾驶室等操作部件的名称。
2. 掌握电动叉车的驾驶室主要控件。
3. 知道如何调整电动叉车座椅。

【任务准备】

电动平衡重式叉车用电池作为动力，车体自身较重，依靠自身重量与货叉上的重量相平衡，防止叉车装货后向前倾翻，具有操作简单、机动性强、效率高等特点。

一、认识电动平衡重式叉车的外部结构

电动平衡重式叉车的外部结构如图 1-9 所示。

1. 护顶架

电动叉车采用悬置式护顶架结构，可减小整车振动对驾驶员疲劳程度的影响，也起到保护驾驶员的作用。

2. 平衡重

平衡重是用于增加自身重量来保持车体平衡的重物。

3．门架

门架是叉车取物装置的主要承重结构。根据叉取货物起升高度的要求，叉车门架可分为两级或多级。

4．轮胎

叉车分前轮与后轮，后轮为转向轮。

5．座椅

为了供人乘坐而设计，可调节，可承受较大压力，并为腰部提供支撑，使乘坐者保持舒适坐姿。

6．仪表盘

目前电动叉车的仪表盘一般采用组合方式安装，采用高性能微处理器的数字化智能仪表，具有自动监测发动机等工况及故障提示、报警等功能。

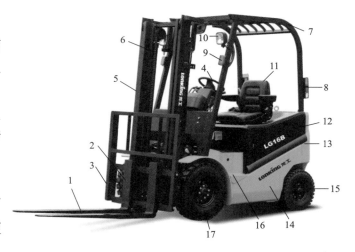

图 1-9　电动平衡重式叉车的外部结构

1—货叉；2—货叉架；3—挡货架；4—方向盘；5—门架；
6—起升链条；7—护顶架；8—后组合灯；9—转向灯；
10—前大灯；11—座椅；12—机罩；13—平衡重；
14—车架；15—后轮；16—左脚踏板；17—前轮

二、认识电动平衡重式叉车的驾驶室结构

电动平衡重式叉车的驾驶室结构如图 1-10 所示。

图 1-10　电动平衡重式叉车的驾驶室结构

1—方向盘；2—挡位；3—手制动；4—制动踏板；5—油门踏板；6—钥匙开关；
7—闭合器开关；8—倾斜操作杆；9—升降操作杆；10—转向拨杆

1．方向盘

方向盘即操作行驶方向的轮状装置，其功能是将驾驶员作用到转向盘边缘上的力转

变为转矩后传递给转向轴。左手握方向盘上捏手向左（右）旋转：方向盘向右边旋转，叉车将向右边转；方向盘向左边旋转，叉车将向左边转。

2．挡位

挡位也称"换向操作杆"，用来切换叉车的前进和倒车方向。电动叉车的挡位分前进、空位与后退，位于仪表盘的左侧。往前拨是前进挡，向后拨是后退挡，中间为空挡。

3．手制动

手制动又称驻车制动，在停车时，给电动叉车一个阻力，以使叉车不溜车。往前推为松开手制动，手制动处于松开状态时叉车方可行进；向后拉为拉紧手制动，手制动处于拉紧状态时叉车无法行进，往往在斜坡操作或停车时进行该操作。

4．制动踏板

制动踏板，顾名思义，就是限制动力的踏板，即脚刹（行车制动器）的踏板。制动踏板用于减速停车，它的使用频次非常高。驾驶人对制动踏板的掌控直接影响着叉车驾驶安全。

5．油门踏板

油门踏板，俗称"油门"，通过控制其踩踏量来控制发动机进气量，从而控制发动机的转速。它是掌控叉车行驶速度的最重要操作部件。

6．钥匙开关

将钥匙插入钥匙开关，顺时针旋转即可启动叉车。

7．闭合器开关

闭合器开关，电动叉车的电源连接装置，按下闭合器，叉车电源切断；顺时针旋转闭合器至闭合器抬升，则叉车电源连接。

8．倾斜操作杆

门架倾斜可通过前后推拉倾斜操作杆得以实现。往前推，货叉前倾；向后拉，货叉后倾。货叉的倾斜速度取决于倾斜操作杆的倾斜角度。

9．升降操作杆

前后推拉升降操作杆，货叉就能下降和上升。往前推，货叉下降；向后拉，货叉上升。货叉的起升速度由升降操作杆的后倾角度控制；下降速度由升降操作杆的前倾角度控制。

10．转向拨杆

往前拨是左转向灯，向后拨是右转向灯，拨回中间则转向灯关闭。

【任务实施】

步骤一：教师通过讲解及演示，指导学生了解电动平衡重式叉车的外部构造。
步骤二：分小组描述电动平衡重式叉车的外部基本构造。
步骤三：教师通过讲解及演示，指导学生了解电动平衡重式叉车的驾驶室构造。
步骤四：分小组描述电动平衡重式叉车的驾驶室基本构造。
步骤五：完成表1-5庖丁解"车"。

表 1-5　庖丁解"车"

序号	主要部件图片	主要部件说明
1		
2		
3		
4		
5		
6		

序号	主要部件图片	主要部件说明
7		
8		
9		
10		
11		

【任务评价】

小组名称			成员名单			
学习效果考评	1. 描述十个叉车的外部结构（每个 1 分）					
	2. 辨识并填写叉车外部结构和驾驶室控件（每空 5 分）					
态度素养考评	考评项目	分值	组内评价	他组评价	老师评价	实际评分
	不迟到、不早退，积极参与教学	15				
	掌握本任务教学重点，并能进行知识拓展	20				

【任务小结】

姓名		班级		日期	
授课教师			任务名称		

任务内容解读：

1. 电动叉车外部结构。

2. 电动叉车驾驶室控件。

任务操作反馈：

1. 今天的操作内容你掌握了吗？（   ）

A. 完全掌握（100%）　　　　　　B. 基本掌握（80%）

C. 勉强掌握（60%）　　　　　　 D. 没有掌握（60% 以下）

2. 本次任务哪个或哪几个步骤操作比较难，需要进一步练习？

任务完成反思：

1. 本次任务有什么收获？

2. 本次任务有需要自我改进的地方吗？

【任务拓展】

叉车驾驶室座位调整：良好的驾驶姿势是高效作业的前提，但每个人的身高、体重都不一样，如何调整叉车驾驶室座位，以拥有舒适的坐感呢？请根据你自身实际，按表 1-6 中的操作流程，调整驾驶室座位。

表 1-6 叉车驾驶室座位调整

序号	操作图片	步骤说明
1		上车就座
2		右手握住拨柄，并往外侧拨动
3-1		顺势往后移动
3-2		顺势往前移动
4-1		往后移动就位
4-2		往前移动就位

项目二
岗位作业认知

叉车工是一个特殊的岗位，对驾驶员及其工作岗位有着特殊的要求，在岗位作业认知项目中学习者将了解电动叉车驾驶员的基本条件、岗位职责以及岗位素养。

岗位作业认知项目包括两个任务：

任务一　岗位职责

任务二　岗位素养

任务一　岗位职责

【任务描述】

小李同学开始准备学习如何驾驶叉车，小李问老师："学习叉车只要会开就可以了吗？"老师告诉小李，"叉车属于特种设备，叉车驾驶员属于特种设备作业人员。在我们的仓库或露天场地驾驶叉车都必须遵守叉车岗位的日常管理工作要求，且叉车驾驶员也需要承担相应的岗位职责。"

【任务目标】

1. 能够理解电动叉车驾驶员的基本要求。
2. 能准确说出叉车驾驶员的岗位职责。

【任务准备】

一、电动叉车驾驶员的基本要求

在我国，叉车驾驶员属于特种设备作业人员，因此，我们国家对特种设备操作人员的管理是非常严格的。

国家对叉车驾驶员的基本要求是：思想先进，作风正派，年满十八周岁，具有初中以上学历，身体合格。

（一）基本条件

（1）年满 18 周岁。

（2）具备初中以上文化程度。

（3）按照特种设备作业人员上岗要求进行技术业务理论考核和实际操作技能考核并取得特种设备作业资格证书。

（二）身体健康方面

叉车驾驶员如有下列情况之一，则不得从事此项工作。

（1）器质性心脏血管病，包括先天性心脏病（治愈者除外）、风湿性心脏病、心肌病，心电图明显异常者。

（2）低血压者毛利或高血压者（低压高于 90 mmHg，高压高于 160 mmHg），贫血（血色素低于 8 g）。

（3）精神病、癫痫。

（4）晕厥（近一年有晕厥发作者）。

（5）肢体残疾，功能受限者。

（6）慢性骨髓炎。

（7）重症神经官能症及脑外伤后遗症。

（8）双眼矫正视力均在 0.7 以下，色盲。

（9）厂内机动驾驶类，大型车，身高不足 155 cm，小型车：身高不足 150 cm。

（10）耳全聋及发音不清者。厂内驾驶听力不足 5 m。

（11）支气管哮喘者或支气管扩张病（反复感染、咳血）。

（12）活动性结核（包括肺外结核）。

（三）驾驶技术方面

1. 驾驶基础技术扎实

能熟练且准确地完成检查、启动、制动、换挡、转向、拆垛、叉货、搬运、码垛、卸货、停车等操作，遇险不惊，遇急不慌。

2. 驾驶过程判断准确

驾驶员能根据实际的驾驶情况判断叉车的技术性能和行驶速度，能根据路基质量和道路宽度来控制车速，能根据货物的包装和体积判断货物的重量和重心等，能判断前方通道能否安全通过以及对会车之间的影响等。

3. 具备很强的应变能力

要求驾驶员必须具备很强的应变能力。在电动叉车行驶和作业过程中，能适应环境，迅速展开工作，完成作业任务，保证人车和货物的安全。

（四）心理素质方面

1. 情绪健康

叉车驾驶员应该有健康的情绪，可以很好地处理自己在生活上或工作上的各种个人情绪，保持积极健康的状态。这样叉车驾驶员作业时才能做到反应快，思维敏捷，注意力集中，判断准确，操作失误少；反之，则无精打采，反应迟缓，注意力不集中，操作失误多。因此，驾驶员要能及时调控好情绪，保持良好的心态。

2. 干练果断

叉车驾驶员应该保持自己作业时的果断性、自制性，坚强的意志可以确保驾驶员在遇到紧急情况时当机立断进行作业，保证行驶和作业安全。

3. 自信开朗

叉车驾驶员驾驶的是设备，但是作业时却需要与其他岗位的工作人员保持必要的、顺畅的、合理的沟通，特别是驾驶车辆时要具有一定的自信和乐观，要相信自己可以很出色、很认真地完成岗位的工作任务。

二、叉车驾驶员的岗位职责

叉车驾驶员的岗位职责主要有两个方面，分别是叉车工岗位职责和叉车驾驶员岗位职责。

（一）叉车工岗位职责

（1）叉车工需要服从车间和生产员或仓管员的管理。在生产调度员和仓管员的工作安排下，保质、保量、按时地完成下达的各项装卸搬运的工作任务。

（2）负责叉车的日常管理和维护工作。

（3）严格按照企业或厂区制定的工艺技术标准和叉车安全操作规程使用车辆、管理车辆以及维护车辆。

（4）配合好企业或厂区相应的生产线完成当班的生产工组任务。

（5）完成货物线上、线下的短距离运输工作。

（6）负责叉车安全及事故的处理事项。

（7）严格完成企业或厂区制定的岗位交接班制度，按时、准确、定期填写岗位的相关记录并向上级领导汇报当班的作业情况。

（8）维护并做好车辆的日常清洁工作。

（9）积极地参加企业或厂区举办的各种突发事故的应急演练。

（10）定期参加企业或厂区的安全培训学习并顺利地通过考核。

（二）叉车驾驶员的岗位职责

（1）叉车驾驶员必须持证上岗，保持身体健康、心理健康、情绪健康。

（2）叉车驾驶员要不断地熟悉叉车性能、结构和工作原理，提高自己的驾驶水平，

做到"会维修、会保养、会检查、会排故"。

（3）严格遵守企业或厂区制定的各项安全作业规章制度，在作业过程中加强自我保护意识，不擅离职守，严禁非驾驶员操作的行为，防止意外事故的发生。

（4）作业前、作业中、作业后都及时检查、维护和保养车辆，要保证叉车的技术和性能始终处于正常稳定状态。

（5）严格遵守叉车的使用制度。正确运用操作方法，不要野蛮驾驶。保证作业质量，保护货物安全。

【任务实施】

步骤一：两人一组，全班随机分组。

步骤二：一名学生提问，另一名学生说出叉车驾驶员的岗位职责。

步骤三：两名学生操作身份后再次提问回答。

步骤四：学生自评、互评。

步骤五：教师点评。

【任务评价】

小组名称		成员名单				
学习效果考评 （每个30分）	1．叉车驾驶员的基本要求					
	2．叉车驾驶员的岗位职责					
态度素养 考评	考评项目	分值	组内 评价	他组 评价	老师 评价	实际 评分
	不迟到、不早退，积极参与教学	20				
	掌握本任务教学重点，并能进行知识拓展	20				

【任务小结】

姓名		班级		日期	
授课教师			任务名称		
任务内容解读： 1.电动叉车驾驶员具备的条件。 2.叉车驾驶员的岗位职责。					

续表

姓名		班级		日期	
授课教师			任务名称		

任务操作反馈：

1. 今天的操作内容你掌握了吗？（　　　　）

　A．完全掌握（100%）　　　　　　　　　B．基本掌握（80%）

　C．勉强掌握（60%）　　　　　　　　　　D．没有掌握（60%以下）

2. 本次任务哪个或哪几个步骤操作比较难，需要进一步练习？

任务完成反思：

1. 本次任务有什么收获？

2. 本次任务有需要自我改进的地方吗？

【任务拓展】

最美"五四"青年张文良：用双手践行"工匠精神"

　　张文良，男，辽宁省沈阳造币有限公司钳工高级技师、维修班班长。2020年4月获第24届"中国青年五四奖章"。

　　张文良17岁异地求学，19岁参加第三届全国技工院校技能大赛获得全国第七的好成绩，22岁成为沈阳造币有限公司最年轻的高级技师。一路走来，张文良用实际行动证明了技术改变人生。

　　2008年，年仅17岁的张文良来到沈阳职业技术学院模具专业求学。2010年，张文良参加了第三届全国技工院校技能大赛，最终获得了辽宁省第三、全国第七的好成绩。2012年，张文良参加了第八届"振兴杯"全国青年职业技能竞赛并获得钳工组冠军。2013年5月，张文良终于如愿以偿，成为沈阳造币有限公司的一名维修钳工，主要从事造币设备的维修、装调等工作，也是公司里最年轻的高级技师。

　　在这个平凡的工作岗位上，张文良是一名虚心勤奋的学徒工，他踏踏实实地向有几十年工作经验的前辈和掌握丰富理论知识的技术人员学习造币技术。良好的专业基础让他更加大胆地参与到技术改造、攻关之中，以自己的才智为公司发展出谋献力。2016年，他被评选为"全国向上向善好青年——爱岗敬业好青年"。面对荣誉，张文良这样说："我觉得这不仅是对我个人的认可与激励，更是对爱岗敬业精神和实干兴国信念的肯定与发扬。"

　　现在的他仍然继续站在为国造币的舞台上，兢兢业业地像老一辈技能人才一样刻苦钻研造币技术，同时也最大化地发挥一个新时代青年的创新精神，让自己的"看家本事"变成企业的"技术资源"，用自己的双手去实现一个又一个青春梦。

任务二　岗位素养

【任务描述】

老师在小李了解了叉车驾驶员的岗位职责后，又向他介绍了岗位素养的重要性。叉车驾驶员的职业素养是安全操作的保障。长期实践表明，具备良好职业素养的叉车驾驶员能够较好地完成各项任务，在职业发展中也会有更多的优势。

【任务目标】

1. 能够理解职业素养的内容。
2. 能够说出叉车驾驶员的岗位素养。

【任务准备】

一、职业素养概述

职业素养是人类在社会活动中需要遵守的行为规范。个体行为总和构成了自身的职业素养，职业素养是内涵，个体行为是外在表象。职业素养是一个人职业生涯成败的关键因素。职业素养包括以下六个方面。

1. 职业资质

职业资质是从事本职业的基本素质和能力要求，是能够胜任本职业的基本标准，是对职业在必备知识和专业经验方面的基本要求。资质是能力被社会认同的证明，如厂（场）内机动车辆特种作业证——叉车司机资格等就是一种资质。获得一定的资质是具有一定职业标准能力的外在证明。

2. 职业意识

职业意识是我们分析因果关系，想象现时不存在的情景和可能性，计划未来的行动，用我们预期的目标来指引行为。职业意识表现为职业敏感、职业直觉，甚至是职业本能的思维过程。职业意识主要包括效率意识、质量意识、责任意识、团队意识、服务意识、健康意识、危机意识等。

3. 职业心态

人与人之间只有很小的差异，这种差异就是对事对物的态度，这种差异往往造成人生结果的巨大差异。个人事业能否成功，不仅取决于才华，更重要的是态度。态度决定行为，行为决定习惯，习惯决定性格，性格决定命运。要想改变命运，必须先改变态度。心态将决定我们的生活品质。唯有保持良好心态，才会感觉到生活与工作的快乐。职业心态主要包括积极的心态、空杯的心态、包容的心态、自信的心态、学习的心态、奉献的心态、服从的心态、竞争的心态、专注的心态、感恩的心态等。

4．职业道德

人类脱离了动物界，就有了道德。早期原始社会，便有了道德的萌芽。道德是随着社会经济的发展而不断变化的，没有什么永恒不变的抽象的道德。人生在世，最重要的两件事：一是学做人，二是学做事。做人和做事，都必须受到道德的监督和约束。所谓道德，就是依靠社会舆论、传统习惯、教育和信念的力量去调整个人与个人、个人与社会之间关系的一种特殊的行为规则。简单地说，道德就是讲人的行为"应该"怎样和"不应该"怎样的问题。职业道德是事业成功的保障，职业人必备职业道德。职业道德主要包括爱岗敬业、诚实守信、办事公道、奉献社会等。

5．职业行为

行为是指机体种种外显动作和活动的总和，具体来说，是指一个人说了什么、做了什么和想了什么。根据社会伦理和组织所要求的行为规范，每个人的行为都可以分为正确的行为和错误的行为。职业行为就是成为职业人要坚守的正确行事规范。

6．职业技能

职业技能是工作岗位对工作者专业技能的要求。职业技能主要包括角色认知、正确工作观与企业观、科学工作方法、职业生涯规划与管理、专业形象与商务礼仪、高效沟通技巧、高效时间管理、商务写作技巧、团队建设与团队精神、人际关系处理技巧、商务谈判技巧、演讲技巧、会议管理技巧、客户服务技巧、情绪控制技巧、压力管理技巧、高效学习技巧、激励能力提升、执行能力等。

二、叉车驾驶员的岗位素养

1．良好的职业道德

首先，叉车驾驶员应具有高度的事业心和责任感，对生命、财产负责，遵守安全操作制度，爱护车辆，做好车辆日常保养维护。叉车驾驶员要树立为人民服务的奉献精神，并将这种思想践行在日常的行动之中，对驾驶工作兢兢业业，当个人利益与他人利益、集体利益发生矛盾时，特别是当国家和集体的利益受到损失、遇到危险时，需要挺身而出，将损失降到最低限度。

其次，叉车驾驶员要树立物质文明和精神文明的思想。这是优秀叉车驾驶员的职业思想和首要品德。驾驶员要以此来规范自身的行为。树立遵守制度、安全操作的思想。它是驾驶员职业态度、职业责任、职业良心、职业荣誉等基本规范的综合体现。因此，驾驶员在行车中，要端正驾驶作风，树立人员安全、货物安全、设备安全的思想，不断提高服务质量。

最后，叉车驾驶员要努力提高职业技能。驾驶员的职业技能是指从事驾驶工作的实际操作经验、技术能力和理论知识的总和。职业技能是职业道德基本规范的一个组成因素，职业道德是通过一定的职业技能体现出来的，职业技能又是实现和提高职业道德水准的基本保障。努力培养良好的职业技能，既是提高驾驶员职业道德的前提条件，也是提高驾驶员职业道德的一项重要内容。如果企业家的目标是解决更多的就业问题，那叉

车驾驶员的目标就是几十年安全驾驶不出事故，并且能够高效率地完成任务。

2．自觉加强学习安全操作法律、法规，提高交通安全意识

叉车安全操作法律、法规是叉车驾驶员行车的基本准则。优秀的叉车驾驶员应经常学习叉车安全操作法律、法规，学习案例事故，提高安全意识，严格规范操作，把安全驾驶看作一项重大责任，努力避免安全事故的发生，保证生命、财产的安全。

3．良好的身体素质和良好的心理素质

众所周知，健康的身体是人们从事一切工作的基本条件。由于叉车驾驶是一项连续、单独、时间长，对人体精力和体力消耗较大的工作，因此要求驾驶员应具有良好的视觉，反应快速，操作稳定，抗疲劳等。同时还要求驾驶员具有良好的心理素质，心理素质是叉车驾驶员操作过程中的心理状况和心理活动，它是影响安全行车的另一个内在因素，在某种程度上来说，人的心理素质更具有天赋性，是一个人固有的特性且较难改变和提高。心理素质对身体素质和行为具有决定性作用，心理素质好，身体素质的水平就高，维持的时间就较长，工作效果就好，反之亦然。因此，优秀的叉车驾驶员应有较强的观察能力、思维能力、反应能力、应变能力、判断能力和熟练而准确地驾驶叉车的能力。克服在驾驶车辆过程中常常出现的麻痹心理、急躁心理、紧张心理、刺激心理，在行车过程中遇到问题能适时地采取措施，需要立即决定时，应当机立断，毫不犹豫。在无法避免事故发生时，应以最小损失为前提进行处理。

4．良好的文化素质

叉车驾驶员应熟知叉车的一般构造和原理，知道如何对车辆进行正常的维护和保养，能判断汽车的一般故障并对车辆进行自救。叉车驾驶员的文化水平高低对学习安全法规、交通安全知识、驾驶技术、理论知识至关重要。开车首先要懂车，懂车就必须读懂书。叉车驾驶员不仅要阅读叉车构造、叉车维护和保养、叉车维修之类的书籍，还应熟悉车辆基本的技术性能，能独立维护、保养车辆，善于发现、诊断故障并能及时排除故障，使车辆始终保持良好的技术性能。能做到只要驾驶车辆就知道车辆是否存在问题、是何问题、是否影响操作安全等。文化是学科学、学技术的基础。随着社会的不断发展，多数叉车设备的关键参数、使用说明书都存在英文介绍，一名连说明书都看不懂的叉车驾驶员怎能说是优秀的呢！文化素质的培养不光指课本知识的学习，其关键在于能力的培养，如接受能力、分析能力、判断能力、解决问题的能力等。换句话说，一个没有学习能力的叉车驾驶员终究会被社会发展淘汰。

5．过硬的驾驶技术

叉车驾驶技术的好坏，直接影响操作。首先，优秀的驾驶员应有正确的驾驶姿势，便于观察周围情况和环境的变化以及车辆仪表板，集中注意力判断叉车前后、左右车辆在操作区域上的位置状况，与操作区域上行人或其他设备或道路构造物之间的距离，选择准确的方位和安全通道等，正确操作和减轻驾驶的劳动强度，从而有效地防止安全事故的发生。其次，优秀的驾驶员应有熟练的驾驶技能，做到手脚密切配合，互相协调，方向盘掌握稳妥，车速合理，货物平稳，制动运用得当，并能在行车中正确处理人、车、路、气候、环境五者之间的关系，正确分析和判断外界各种信息并采取相应措施，能正确处理复杂情况和紧急危险的情况，避免事故的发生。

在叉车设备不断更新的今天，驾驶员如果没有一定的驾驶技能做基础，是很难很快上手的。众所周知，不同型号的叉车，所要求的驾驶方式和驾驶技能有一定差别，托盘搬运车、平衡重式叉车、前移式叉车和窄巷道式三向叉车之间就有着本质的不同。有些叉车并非坐着驾驶，而是站着驾驶。而现在企业为了满足不同的操作需求，都会配备不同类型的叉车。不少叉车驾驶员发生事故多的一个原因，就是他们的操作技术不高，缺乏不同类型叉车的驾驶经验，有的看不懂仪表，使用不当造成操作失误，遇到复杂情况操作技术不过关，造成事故。娴熟的技术需要的是刻苦钻研，不断磨炼，将理论和实践交替掌握。图1-11所示的叉车写书法、图1-12所示的叉车开啤酒瓶等专业技能绝非一朝一夕就能练成，需要持之以恒。

图1-11　叉车写毛笔字

图1-12　叉车开啤酒瓶

6．良好的安全操作预见能力

叉车操作的预见能力是指驾驶员驾驶车辆时，对一些复杂情况能正确分析判断，避免事故的发生。而预见能力不是一天或两天就能拥有的，它需要驾驶经验的长期积累。一是加强对安全操作法律、法规的学习，提高安全意识；二是善于总结别人的经验和教训，积累驾驶经验；三是积极思考，对在行车中可能出现的各种问题进行分析、判断和总结。

优秀的叉车驾驶员不是单一的素质要求，而是综合的素质体现，只有在不断的总结、探索和进取中才能提高、丰富、完善驾驶技术，才能确保多年驾驶无事故，高效完成作业任务。

【任务实施】

步骤一：两人一组，全班随机分组。

步骤二：一名学生提问，另一名学生说出叉车驾驶员的职业素养（至少三条）。

步骤三：两名学生互换操作后再次提问回答。

步骤四：学生自评、互评。

步骤五：教师点评。

【任务评价】

小组名称				成员名单		
学习效果考评 （每个30分）	1．职业素养的内容					
	2．叉车驾驶员的职业素养					

	考评项目	分值	组内 评价	他组 评价	老师 评价	实际 评分
态度素养 考评	不迟到、不早退，积极参与教学	20				
	掌握本任务教学重点，并能进行 知识拓展	20				

【任务小结】

姓名		班级		日期	
授课教师			任务名称		

任务内容解读：

1．职业素养的概念。

2．叉车驾驶员岗位应具备的岗位素养。

任务操作反馈：

1．今天的操作内容你掌握了吗？（   ）

A．完全掌握（100%）   B．基本掌握（80%）

C．勉强掌握（60%）   D．没有掌握（60%以下）

2.本次任务哪个或哪几个步骤操作比较难，需要进一步练习？

任务完成反思：

1．本次任务有什么收获？

2．本次任务有需要自我改进的地方吗？

【任务拓展】

如何成为一名优秀的叉车司机

想要成为一名优秀的叉车司机并不是只要掌握叉车驾驶技术就可以了，还需要在工作的过程中保障自己和他人的生命和财产安全。因为叉车驾驶工作不仅辛苦，还具有一定的危险性。那么，如何成为一名优秀的叉车司机呢？

第一，安全第一放心头。时刻把安全第一放在心头，这是成为一名优秀的叉车司机最关键的一步，如果没有强烈的安全意识和规范的安全行为，即使有再好的叉车驾驶技术也不能成为一名优秀的叉车司机。

第二，做好日常本职工作。叉车司机的工作其实是重复性的工作。除了每天安全驾驶以外，还需要在上下班之前仔仔细细、认认真真地检查叉车的各项性能是否正常，特别是刹车制动系统，如果叉车性能存在问题，就会给安全埋下巨大的隐患。而这些看似烦琐的、无趣的工作就是一名叉车司机的日常本职工作。

第三，精益求精的叉车技术。叉车技术主要包含两个方面：一方面，叉车司机必须具备精湛的叉车驾驶技术；另一方面，叉车司机需要掌握各种故障排除技术，这样才能在叉车遇到故障时及时予以排除，确保生命和财产安全。

第四，热爱自己的本职工作。不热爱自己本职工作的人，工作时肯定是马马虎虎。只有真正热爱自己本职工作的人，才能将工作做到最佳。叉车司机属于特种设备操作员，具有一定的危险性，所以热爱本职工作显得尤为重要。

第五，提升岗位职业素养。叉车司机要不断提升自己的素质，包括做人做事的素质以及操作技术水平。只有不断更新和提升自己，才能更好地完成岗位工作任务，为企业创造更好的效益。

项目三
安全驾驶规范

电动叉车属于特种作业设备，安全驾驶规范尤为重要，在该项目中学习者将了解电动叉车作业场所的各类标识和安全操作规程，学会在实际工作场所中辨识各类标识，并树立规范操作电动叉车的意识。

安全驾驶规范项目包括两个任务：

任务一　场内作业标识

任务二　安全操作规程

任务一　场内作业标识

【任务描述】

小李同学马上就可以正式跟师傅学习驾驶电动叉车了，在这之前师傅要求小李一定要熟悉工作环节中常见的作业标识。那么与叉车驾驶相关的场内作业标识有哪些呢？这些标识各有什么意义和特征呢？大家跟小李一起来学习一下吧！

【任务目标】

1. 明确认识场内常用作业标识的意义。
2. 会识别场内作业标识并说出其含义。
3. 对场内与叉车相关的常用标识以及叉车充电区域的常用标识有深度的了解。

【任务准备】

1. 认识场内常用作业标识的意义

为了维护场内道路交通秩序，保证道路安全、通畅，保障作业人员生命、财产安全，每个场区范围内应根据实际情况，设置必要的交通标识，尤其是大型的厂矿场区交通繁忙的地段和交叉口还应该自行设置交通信号灯，防止事故的发生。叉车的吨位重，作业重量大，驾驶室又相对开放，因此有较强的事故隐患，安全责任重于泰山，种种这些必须引起我们的高度警惕和重视。

对于每个场内叉车驾驶员来说，除了掌握基本的交通知识和常识外，还应该熟悉一些基本的标识，尤其是场内作业标识。

2．与场内作业有关的作业标识分类

（1）场内一般标识：出（入）口标识、人行通道标识、物流通道标识、保持通道畅通标识以及访客陪同标识等。

（2）场内行驶标识：限速标识、允许行驶标识、禁止行驶标识以及注意危险标识等。

（3）场内与叉车相关的常用标识：叉车通道标识、禁止叉车通行标识以及当心叉车标识等。

（4）叉车充电区域常用标识：充电区域保持通风标识以及充电区域远离明火标识等。

【任务实施】

活动一：认识场内一般标识（表1-7）。

表1-7　场内一般标识

序号	场内一般标识	标识说明
1		出口标识：表示此为场内出口处
2		人行通道标识：表示此路径仅供人行走，不能将叉车在此路径上行驶
3		物流通道标识：表示此路径为物流作业设备专用通道，往来叉车较多且速度较快，一般不允许行人通过
4		保持通道畅通标识：表示此通道不允许堆积货物，不将暂存物资堆叠在此通道，也不允许长时间停放叉车等作业设备
5		访客陪同标识：表示此区域访客往来必须由场内工作人员陪同，不熟悉场内情况的访客很容易发生危险

活动二：认识场内行驶标识（表1-8）。

表1-8 场内行驶标识

序号	场内行驶标识	标识说明
1	限速 SPEED LIMIT 5	限速标识：表示此区域包括叉车在内的相关机动设备限速5 km/h之内
2		允许直行和右转标识：表示车辆运行至此允许直行和向右转弯
3		禁止向右转弯标识：表示禁止车辆在此处向右转弯
4	!	注意危险标识：表示此处可能存在危险和安全隐患，应格外留心和注意

活动三：认识场内与叉车相关的常用标识（表1-9）。

表1-9 场内与叉车相关的常用标识

序号	场内与叉车相关的常用标识	标识说明
1	叉车通道 FORKLIFT PASSAGEWAY	叉车通道标识：表示此条通道仅为叉车通过作业准备，其他设施设备和人员不允许在此通道通行
2		禁止叉车通行标识：表示在此通道内禁止叉车通行。工作人员不可以将叉车驶入此区域
3		当心叉车标识：表示此区域内常有叉车行驶，注意叉车往来，避免发生意外事故

活动四：认识叉车充电区域常用标识（表1-10）。

表 1-10　叉车充电区域常用标识

序号	叉车充电区域常用标识	标识说明
1		充电区保持通风：表示防止爆炸气体聚集导致危险
2		充电区远离明火：表示在叉车充电区范围内严禁带入明火，防止爆炸

【任务评价】

小组名称		成员名单				
学习效果考评（每个15分）	1．认识场内一般标识					
	2．认识场内行驶标识					
	3．认识场内与叉车相关的常用标识					
	4．认识叉车充电区域常用标识					
态度素养考评	考评项目	分值	组内评价	他组评价	老师评价	实际评分
	不迟到、不早退，积极参与教学	20				
	掌握本任务教学重点，并能进行知识拓展	20				

【任务小结】

姓名		班级		日期	
授课教师			任务名称		

任务内容解读：

1．场内一般标识。

2．场内行驶标识。

3．场内与叉车相关的常用标识。

4．叉车充电区域常用标识。

续表

姓名		班级		日期	
授课教师			任务名称		

任务操作反馈：

1．今天的操作内容你掌握了吗？（　　　）

A．完全掌握（100%）　　　　　　　B．基本掌握（80%）

C．勉强掌握（60%）　　　　　　　　D．没有掌握（60%以下）

2．本次任务哪个或哪几个步骤操作比较难，需要进一步练习？

任务完成反思：

1．本次任务有什么收获？

2．本次任务有需要自我改进的地方吗？

【任务拓展】

在网上搜集更多交通标识，以小组为单位开展专题学习。

任务二　安全操作规程

【任务描述】

小李同学在体验驾驶电动叉车的过程中有几个行为让师傅看得胆战心惊，经过师傅的分析，是自身对驾驶叉车的操作安全规程认识不到位导致的。那么，哪些对电动叉车的操作是符合安全规程的？哪些是不符合安全规程的危险行为呢？大家同小李一起来看看吧！

【任务目标】

1．熟悉电动叉车安全操作规程。

2．认清电动叉车操作常见安全隐患和危险作业方式。

3．树立明确的规范操作电动叉车的观念和意识。

【任务准备】

1．驾车前的安全规程

（1）人员准备：驾驶电动叉车的作业人员需身着工装（安全背心）、头戴安全帽并穿着质地柔软的鞋子。

（2）车辆准备：对电动叉车仪表盘（充电情况、电池电量）、胎压、方向盘、车灯、喇叭以及安全带等进行系统检查，确保均能正常使用。

2．起步前的安全规程

（1）上车：左手拉车顶拉手、右手扶座椅靠背，左脚蹬上叉车，并前后调节座椅靠背。

（2）启动：开启电源（电门），鸣笛示意，上下、左右调整货叉及门架（货叉调整至距离地面 20～30 cm，门架后仰 25°左右），并松开手刹前后调试车辆。

3．行驶中的安全规程

（1）严格遵守场内作业规范和行车规则：在货架区穿梭保持速度在 5 km/h 以内，即使在空旷的场地也要保持速度平稳，不明显加速和急踩刹车。

（2）始终保持单人注意力集中地驾驶车辆：严禁驾驶员旁边坐人并与其闲谈。

（3）特殊场地行车时要格外注意场地状况：在仓库货架区或狭窄的通道处行车或者急转弯时司机应前后左右认真观察场地情况，必要时需有专人指挥。

（4）遇到突发或紧急状况：严禁将头和手伸出车体轮廓以外，应该先紧急避险再寻求帮助和支持。

4．转弯时的安全规程

（1）正确使用车灯：遇到转弯需提前开启转向灯并鸣笛示意。

（2）合理控制速度：窄通道或者坡道转弯时控制好车速，避免急转弯或急刹车。

5．倒车时的安全规程

（1）把握合适的倒车姿势：手扶后车体，目视后方，密切观察车后情况。使用好倒车灯光。

（2）密切关注障碍物体：预先判断障碍物的位置，谨慎避开或绕开障碍物。

6．装卸货时的安全规程

（1）合理把握货叉物理性能：严禁超载、超高。调整货叉距离，把握好运载物的重心。上下调整货叉、前后调整门架，注意把握幅度。

（2）防止危险装卸作业发生：严禁为了作业方便而在货叉上站人，严禁单叉带货，严禁斜坡叉货。

7．停车时的安全规程

（1）作业规范：分别做到门架归位、车轮回正、手刹拉起、方向归位、电源（电门）关闭、拔下钥匙等。

（2）指定区域停车：将叉车停至规定区域，避免影响其他作业并方便充电。

【任务实施】

活动一：把握驾车前的安全规程（表 1-11）。

表 1-11 驾车前的安全规程

步骤	步骤图片	步骤说明
1		身着工装（安全背心）、头戴安全帽并穿着质地柔软的鞋子

续表

步骤	步骤图片	步骤说明
2		检查仪表盘
3		上下调整好门架和货叉
4		检查车辆喇叭使用情况
5		检查方向器使用情况
6		检查车灯使用情况

活动二：把握起步前的安全规程（表1-12）。

表1-12 起步前的安全规程

步骤	步骤图片	步骤说明
1		左手拉车顶拉手、右手扶座椅靠背，左脚蹬上叉车
2		上下左右调整货叉及门架

活动三：把握行驶中的安全规程（表1-13）。

表1-13 行驶中的安全规程

步骤	步骤图片	步骤说明
1		保持车速并平稳驾驶
2		驾驶员旁严禁坐人

续表

步骤	步骤图片	步骤说明
3		仓库货架区或狭窄的通道处行车或者急转弯时司机应前后左右认真观察场地情况
4		严禁将头和手伸出车体轮廓以外

活动四：把握转弯时的安全规程（表1-14）。

表1-14　转弯时的安全规程

步骤	步骤图片	步骤说明
1		提前开启转向灯并鸣笛示意
2		窄通道或者坡道转弯时控制好车速，避免急转弯或急刹车

活动五：把握倒车时的安全规程（表1-15）。

表1-15　倒车时的安全规程

步骤	步骤图片	步骤说明
1		手扶后车体，目视后方，密切观察车后情况。使用好倒车灯光
2		预先判断障碍物的位置，谨慎避开或绕开障碍物

活动六：把握卸货时的安全规程（表1-16）。

表1-16　卸货时的安全规程

步骤	步骤图片	步骤说明
1		调整货叉距离，把握好运载物的重心
2		严禁为了作业方便而在货叉上站人

续表

步骤	步骤图片	步骤说明
3		严禁单叉带货
4		严禁斜坡叉货

活动七：把握停车时的安全规程（表1-17）。

表 1-17　停车时的安全规程

步骤	步骤图片	步骤说明
1		停车时需注意让门架归位

步骤	步骤图片	步骤说明
2		停车时需注意回正车轮
3		停车时需注意让方向盘归位
4		停车时需注意拉好手刹
5		停车时需注意切断电源
6		应在仓库指定位置进行规范停车

【任务评价】

小组名称		成员名单	
学习效果考评 （每个 10 分）	1. 驾车前的安全规程		
	2. 起步前的安全规程		
	3. 行驶中的安全规程		
	4. 转弯时的安全规程		
	5. 倒车时的安全规程		
	6. 停车时的安全规程		
	7. 卸货时的安全规程		

态度素养 考评	考评项目	分值	组内评价	他组评价	老师评价	实际评分
	不迟到、不早退，积极参与教学	15				
	掌握本任务教学重点，并能进行知识拓展	15				

【任务小结】

姓名		班级		日期	
授课教师			任务名称		

任务内容解读：

1. 任务操作步骤。

2. 注意事项。

任务操作反馈：

1. 今天的操作内容你掌握了吗？（　　　）

A. 完全掌握（100%）　　　　　　　B. 基本掌握（80%）

C. 勉强掌握（60%）　　　　　　　D. 没有掌握（60% 以下）

2. 本次任务哪个或哪几个步骤操作比较难，需要进一步练习？

任务完成反思：

1. 本次任务有什么收获？

2. 本次任务有需要自我改进的地方吗？

【任务拓展】

　　驾车前、起步前、行驶中、转弯时、倒车时、停车时以及卸货时的安全规程有哪些常见错误操作？请你将这些错误操作总结出来。

模块二　叉车驾驶

驾驶基础项目是继理论学习后学习驾驶电动叉车的第一步，在该项目中学习者将初次进行电动叉车的操作，是启动叉车的基础。

驾驶基础项目包括两个任务：

任务一　起步与停车

任务二　前进与倒退

任务一　起步与停车

【任务描述】

小李同学在具备了相应的理论知识后，就要开始学习驾驶电动叉车了。那么，如何驾驶电动叉车呢？快来学习电动叉车起步与停车的操作流程吧！

【任务目标】

1. 能说出电动叉车的起步与停车操作流程。
2. 能规范操作电动叉车起步与停车。
3. 树立规范的操作意识与安全素养。

起步与停车

【任务准备】

场地准备

设备准备

电动叉车一台 / 组，安全帽一只 / 组，反光背心一件 / 组，手套一副 / 组。

【任务实施】

完成车辆检查后，按表 2-1 完成电动叉车的起步与停车操作。

表 2-1 电动叉车的起步与停车操作

步骤	步骤图片	步骤说明
1		起步流程 **穿戴防具**：在上车前戴好手套与安全帽，穿好防护服
2		起步流程 **上车入座**：上车时用左手抓住把手，右手扶住车身，然后左脚蹬上踏板，右脚随后上车，顺势就座
3		起步流程 **系安全带**：坐正身躯，用右手拉出安全带，然后插进左侧的带扣
4		起步流程 **打开电源**：用右手捏住钥匙，顺时针转动约 30°

续表

步骤	步骤图片	步骤说明
5		起步流程 **提升货叉**：用右手握住升降操作杆，往后拉动，将货叉提升 20 ～ 30 cm 后松手
6		起步流程 **后倾货叉**：用右手握住倾斜操作杆，往后拉动，将门架后倾后松手
7		起步流程 **拨前进挡**：用左手将挡位向前轻拨入
8		起步流程 **松手制动**：用左手握住手制动，大拇指按住手制动顶端按钮，顺势向前推送入挡

步骤	步骤图片	步骤说明
9		起步流程 **轻按喇叭**：用左手握住方向盘上捏柄，右手张开，以掌心按喇叭，鸣笛一声即可
10		起步流程 **慢踩油门**：左脚放平，右脚脚跟着地，脚掌与油门踏板接触，向下慢速踩踏
11		停车流程 **踩住刹车**：右脚脚跟着地，脚掌与刹车踏板接触，向下慢速踩踏
12		停车流程 **拉手制动**：用左手握住手制动，顺势向后拉回

续表

步骤	步骤图片	步骤说明
13		停车流程 **拨回空挡**：用左手将挡位向后轻拨回空挡
14		停车流程 **放平货叉**：用右手握住倾斜操作杆，向前推动，将货叉前倾放平后松手
15		停车流程 **下降货叉**：用右手握住升降操作杆，向前推动，将货叉下降到底
16		停车流程 **轻按喇叭**：用左手握住方向盘上捏柄，右手张开，以掌心按喇叭，鸣笛一声即可

步骤	步骤图片	步骤说明
17		停车流程 **关闭电源**：用右手捏住钥匙，逆时针转动约 30°
18		停车流程 **解安全带**：按下卡扣，用右手拉回安全带，然后轻轻倒回放下
19		停车流程 **左侧下车**：下车时用左手抓住把手，右手扶住车身，然后左脚蹬住踏板，右脚随后下车
20		停车流程 **脱下防具**：下车后脱掉安全帽等防护用具，放置于固定位置

⚡ **技能充电：**

正确的驾驶姿势是良好操作技术的基础，而良好的操作技术是保证行车安全和工作效率的前提。那么，如何形成良好的驾驶姿势呢？

身体对正方向盘坐直，头部端正，两眼目视前方，两肩略微后张，后肩虚靠背垫，左手握着手柄，右手轻搭操作杆，两腿自然下伸，两膝微曲分开，左脚自然放平，右脚脚跟为轴，脚掌自然轻放在油门踏板之上。

【任务评价】

评价任务	序号	评价项目	扣分分值	次数	扣分小计	总得分
岗位技能评价（70分）	1	未检查车辆	5			
	2	起步或停车流程漏步骤	10			
	3	起步或停车流程顺序颠倒	5			
	4	货叉提升高度达不到或超出20 cm	5			
	5	上、下车方向错误	5			
职业素养评价（30分）	6	解安全带时安全带与车体碰撞	5			
	7	防护装具穿戴或摆放不规范	5			
	8	不听从教师安排而自行操作	10			

注："扣分小计"不超过"评价任务"总分值。

【任务小结】

姓名		班级		日期	
授课教师			任务名称		

任务内容解读：

1. 任务操作步骤。

2. 注意事项。

任务操作反馈：

1. 今天的操作内容你掌握了吗？（　　　）

A. 完全掌握（100%）　　　　　　B. 基本掌握（80%）

C. 勉强掌握（60%）　　　　　　D. 没有掌握（60%以下）

2. 本次任务哪个或哪几个步骤操作比较难，需要进一步练习？

任务完成反思：

1. 本次任务有什么收获？

2. 本次任务有需要自我改进的地方吗？

【任务拓展】

学会了电动叉车的起步和停车操作以后，就要驾驶叉车出发了，如何掌握好方向至关重要，你知道如何进行转向操作吗？

电动叉车方向盘操作指南：

模拟左手握着方向盘上的手柄，进行以下转向操作。

1. 顺时针右转半圈

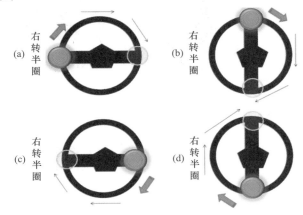

2. 逆时针左转半圈

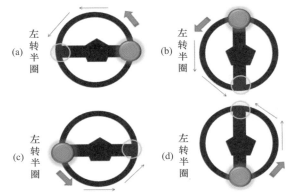

3. 顺时针右转一圈

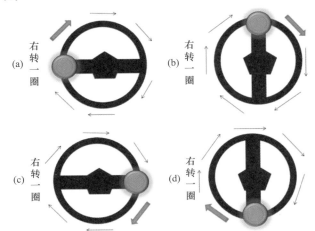

4．逆时针左转一圈

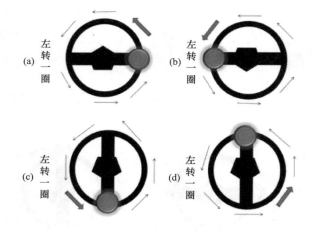

任务二　前进与倒退

【任务描述】

小李同学驾驶叉车从 A 区起步后，在 2.1 m 宽的通道内向正前方直线行驶到达 B 区，然后直线倒车至 A 区。要求行驶过程中不压线碰杆，不偏离规定路线。

【任务目标】

1．知晓电动叉车前进与倒退的注意事项。
2．能规范操作电动叉车进行前进与倒退。
3．树立规范的操作意识与安全素养。

【任务准备】

场地准备

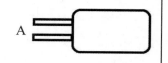

设备准备

电动叉车一台 / 组，安全帽一只 / 组，反光背心一件 / 组，手套一副 / 组，边线杆若干。

【任务实施】

活动一：按表 2-2 完成电动叉车的前进与倒退操作。

前进与倒退

表2-2　电动叉车的前进与倒退操作

步骤	步骤图片	步骤说明
1		穿戴好个人防护装具
2		观察场地，并完成车辆检查
3		完成起步流程，起步后，驾驶员要目视前方，看远顾近，注意两旁，及时修正方向，尽量少打少回
4		前进行驶：当叉车前部（货叉）向左偏时，应向右转方向盘，待叉车快要回到行驶路线时及时将方向盘回正；当叉车前部（货叉）向右偏时，应向左转方向盘，待叉车快要回到行驶路线时及时将方向盘回正
5		到B区后，脚踩刹车，左手拨倒车挡，转头观察后方

续表

步骤	步骤图片	步骤说明
6		倒车行驶：当叉车后部向左（右）偏时，应向右（左）转方向盘，待叉车快要回到行驶路线时及时将方向盘回正
7		完成停车流程操作

活动二：连续短停。

参照实线或边线杆进行连续短停训练，这样可以反复练习电动叉车起步与停车操作，从而培养良好的驾驶感觉。

⚡ 技能充电：

为什么叉车在直线行驶中需要随时修正方向？

因为地面非绝对平整，有凹凸，易使转向轮受到冲击振动而产生偏移，所以需要及时修正方向。

【任务评价】

评价任务	序号	评价项目	扣分分值	次数	扣分小计	总得分
岗位技能评价（70分）	1	未检查车辆	5			
	2	起步或停车流程错误	5			
	3	起步或停车流程顺序颠倒	5			
	4	货叉提升高度达不到或超出20 cm	5			
	5	上、下车方向错误	5			
岗位技能评价（70分）	6	前进与倒车挡位拨错	10			
	7	碰到边线杆或轮胎压线	5			
	8	碰倒边线杆或轮胎出线	10			
	9	倒车时未回头观察	10			

评价任务	序号	评价项目	扣分分值	次数	扣分小计	总得分
职业素养评价（30分）	10	防护装具穿戴或摆放不规范	5			
	11	停车轮胎未回正	5			
	12	解安全带时安全带与车体碰撞	5			
	13	不听从教师安排操作	10			

注："扣分小计"不超过"评价任务"总分值。

【任务小结】

姓名		班级		日期	
授课教师			任务名称		

任务内容解读：

1. 任务操作步骤。

2. 注意事项。

任务操作反馈：

1. 今天的操作内容你掌握了吗？（ ）

A. 完全掌握（100%） B. 基本掌握（80%）

C. 勉强掌握（60%） D. 没有掌握（60%以下）

2. 本次任务哪个或哪几个步骤操作比较难，需要进一步练习？

任务完成反思：

1. 本次任务有什么收获？

2. 本次任务有需要自我改进的地方吗？

【任务拓展】

任务描述1：从A区起步后，在宽2 m，长15 m的通道内向正前方直线行驶到达B区，然后直线倒车至A区，行驶路线如图2-1所示。要求行驶过程中不压线碰杆，不偏离规定路线。

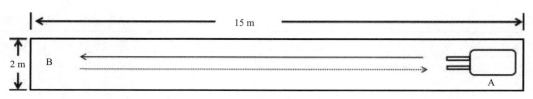

图 2-1　任务拓展 1 行驶路线图

任务描述 2：从 A 区起步后，在宽 1.6 m，长 15 m 的通道内向正前方直线行驶到达 B 区，然后直线倒车至 A 区，行驶路线如图 2-2 所示。要求行驶过程中不压线碰杆，不偏离规定路线。

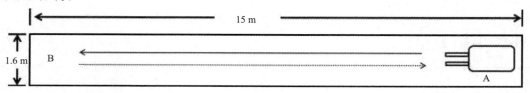

图 2-2　任务拓展 2 行驶路线图

项目二
场地驾驶

场地驾驶项目是继基础驾驶后针对学习者路线学习所设计的，在该项目中学习者将通过不同场地路线和形式的操作，学会面对不同场地都能驾驶电动叉车。

场地驾驶项目包括五个任务：

任务一："8"形驾驶

任务二："S"形驾驶

任务三："U"形驾驶

任务四："L"形驾驶

任务五：电动叉车上、下坡作业

任务一 "8"形驾驶

电动叉车"8"形驾驶

【任务描述】

小李同学驾驶叉车从 A 点起步后，在内径为 3.8 m，外径为 7.8 m，宽为 2 m 的两个相邻圆形组成的"8"形通道内进行绕圈行驶，从 A 区起步途经交叉区 B 区，通过 C、D、E、B、F、G 区回到 A 区。要求在行驶过程中按规定路线行驶，不碰撞标志杆，不压线。

【任务目标】

1. 知晓叉车"8"形驾驶时方向盘的操作技巧。
2. 能规范操作电动叉车进行"8"形驾驶。
3. 树立规范的操作意识与安全素养。

【任务准备】

场地准备

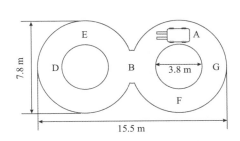

设备准备

电动叉车一台/组，安全帽一只/组，反光背心一件/组，手套一副/组，边线杆若干。

【任务实施】

按表2–3完成电动叉车"8"形驾驶操作。

表2–3　电动叉车"8"形驾驶

步骤	步骤图片	步骤说明
1		穿戴好个人防护装具，观察场地，并完成车辆检查
2		完成起步流程。起步后，驾驶员要仔细观察左侧标志杆。快速向左逆时针转动方向盘一圈，使车身向左边线靠拢并观察车辆外侧
3		当叉车货叉指向交叉区B区时顺时针转动方向盘使车身回正

续表

步骤	步骤图片	步骤说明
4		叉车正向通过交叉区后，顺时针转动方向盘一圈，使右前轮靠近C区内圈，并保持右前轮离边线15 cm左右
5		叉车顺时针通过D、E区时，如右前轮离边线小于15 cm需要向左轻转方向盘进行修正，如右前轮离边线大于15 cm需向右轻转方向盘。使右前轮与内圈始终保持在15 cm左右的距离

续表

步骤	步骤图片	步骤说明
6		当叉车货叉指向交叉区 B 区时逆时针转动方向盘使车身回正
7		叉车正向通过交叉区后，逆时针转动方向盘一圈，使左前轮靠近 F 区内圈，并保持左前轮离边线 15 cm 左右

续表

步骤	步骤图片	步骤说明
8		叉车逆时针通过F、G区时，如左前轮离边线小于15 cm需要向右轻轻转动方向盘进行修正，如左前轮离边线大于15 cm需向左轻轻转动方向盘，使左前轮与内圈始终保持15 cm左右的距离
9		回到原点后完成停车流程操作

【任务评价】

评价任务	序号	评价项目	扣分分值	次数	扣分小计	总得分
岗位技能评价 （70分）	1	未检查车辆	5			
	2	起步或停车流程错误	5			
	3	起步或停车流程顺序颠倒	5			
	4	货叉提升高度达不到或超出20 cm	5			
	5	上、下车方向错误	5			
	6	碰到边线杆或轮胎压线	5			

续表

评价任务	序号	评价项目	扣分分值	次数	扣分小计	总得分
岗位技能评价（70分）	7	碰倒边线杆或轮胎出线	5			
	8	绕内圈时未观察车辆外侧	10			
职业素养评价（30分）	9	防护装具穿戴或摆放不规范	5			
	10	停车轮胎未回正	5			
	11	解安全带时安全带与车体碰撞	5			
	12	不听从教师安排而自行操作	10			

注："扣分小计"不超过"评价任务"总分值。

【任务小结】

姓名		班级		日期	
授课教师			任务名称		

任务内容解读：

1．任务操作步骤。

2．注意事项。

任务操作反馈：

1．今天的操作内容你掌握了吗？（　　　）

A．完全掌握（100%）　　　　　　　　B．基本掌握（80%）

C．勉强掌握（60%）　　　　　　　　　D．没有掌握（60%以下）

2．本次任务哪个或哪几个步骤操作比较难，需要进一步练习？

任务完成反思：

1．本次任务有什么收获？

2．本次任务有需要自我改进的地方吗？

【任务拓展】

任务描述：驾驶叉车从 A 点起步后，在内径为 3.8 m，外径为 7.5 m，通道宽度为 1.85 m 的两个相邻圆形组成的"8"字形通道内进行绕圈行驶，从 A 区起步途经交叉区

B区，通过 C、D、E、B、F、G 区回到 A 区，行驶路线如图 2-3 所示。要求行驶过程中按规定路线行驶，不碰撞标志杆，不压线。

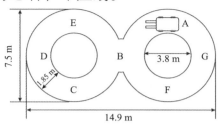

图 2-3 任务拓展行驶路线图

任务二 "S"形驾驶

电动叉车"S"
形驾驶

【任务描述】

小李同学驾驶叉车从 A 区起步后，在宽 6.8 m，长 14 m（桩间距 2 m）的通道内进行绕杆"S"形驾驶，到达 B 区，然后掉头绕回至 A 区。要求行驶过程中按规定路线行驶，不碰撞绕杆。

【任务目标】

1．能正确描述叉车行驶的"S"形驾驶路线。
2．能规范操作电动叉车进行"S"形驾驶路线行驶。
3．树立规范的操作意识与安全素养，提高随机应变的能力。

【任务准备】

场地准备

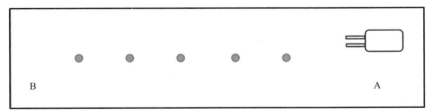

设备准备

电动叉车一台/组，安全帽一只/组，反光背心一件/组，手套一副/组，边线杆和绕杆若干。

【任务实施】

按表 2-4 完成电动叉车"S"形驾驶操作。

表 2-4 电动叉车"S"形驾驶

步骤	步骤图片	步骤说明
1		穿戴好个人防护装具
2		观察场地，并完成车辆检查
3		完成起步流程，起步后，驾驶员要目视前方，看远顾近，注意两旁
4		在进入绕杆区前直线行驶，保持车身距离绕杆约 50 cm，注意修正方向

步骤	步骤图片	步骤说明
5		等左前轮到第一个绕杆时,逆时针转动方向盘,以60°进入第一个绕杆区,待货叉前端到第二个绕杆时回正方向
6		等右前轮过第二个绕杆约60 cm时,顺时针转动方向盘到底,以60°进入第二个绕杆区
7		待货叉前端到第三个绕杆时回正方向

续表

步骤	步骤图片	步骤说明
8		按步骤6、7中的方法过第三、四绕杆
9		到最后一个杆时（B区），顺时针转动方向盘到底，掉头绕回
10		按步骤6、7的方法过绕杆，绕回至A区
11		到A区后完成停车流程操作

【任务评价】

评价任务	序号	评价项目	扣分分值	次数	扣分小计	总得分
岗位技能评价（70分）	1	未检查车辆	5			
	2	起步或停车流程错误	5			
	3	起步或停车流程顺序颠倒	5			
	4	货叉提升高度达不到或超出20 cm	5			
	5	上、下车方向错误	5			
	6	停车打方向盘	5			
	7	碰到绕杆或轮胎压线	5			
	8	碰倒绕杆或轮胎出线	10			
	9	绕杆时侧身看后轮胎	10			
职业素养评价（30分）	10	防护装具穿戴或摆放不规范	5			
	11	停车轮胎未回正	5			
	12	解安全带时安全带与车体碰撞	5			
	13	不听从教师安排而自行操作	10			

注："扣分小计"不超过"评价任务"总分值。

【任务小结】

姓名		班级		日期	
授课教师			任务名称		

任务内容解读：

1．任务操作步骤。

2．注意事项。

任务操作反馈：

1．今天的操作内容你掌握了吗？（　　　）

A．完全掌握（100%）　　　　　　B．基本掌握（80%）

C．勉强掌握（60%）　　　　　　D．没有掌握（60% 以下）

2．本次任务哪个或哪几个步骤操作比较难，需要进一步练习？

续表

姓名		班级		日期	
授课教师			任务名称		

任务完成反思：

1. 本次任务有什么收获？

2. 本次任务有需要自我改进的地方吗？

【任务拓展】

任务描述 1：驾驶叉车从 A 区起步后，在宽 5 m，长 15 m（绕杆间距 1.8 m）的通道内进行绕杆"S"形驾驶，到达 B 区，然后掉头绕回至 A 区，行驶路线如图 2-4 所示。要求行驶过程中按规定路线行驶，不碰撞绕杆。

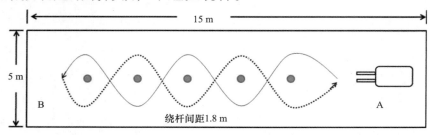

图 2-4　任务拓展 1 行驶路线图

任务描述 2：在两个货叉上各放一根钢管，然后驾驶叉车从 A 区起步，在宽 5 m，长 15 m（绕杆间距 1.8 m）的通道内进行绕杆"S"形驾驶，到达 B 区，然后掉头绕回至 A 区，行驶路线如图 2-5 所示。要求行驶过程中按规定路线行驶，不碰撞绕杆。

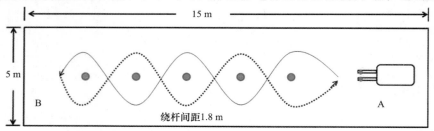

图 2-5　任务拓展 2 行驶路线图

任务三　"U"形驾驶

电动叉车
"U"形前进

【任务描述】

小李同学驾驶叉车从右侧 A 区起步后，在 2 m 宽的 U 形通道内前进行驶到达 B 区，然后按原路倒车返回至 A 区。要求行驶过程中不碰边线杆。

【任务目标】

1. 能准确描述电动叉车"U"形前进和倒车操作的路线。
2. 能规范操作电动叉车进行"U"形前进与倒车操作。
3. 树立规范的操作意识与安全素养，培养精益求精的质量意识。

【任务准备】

场地准备

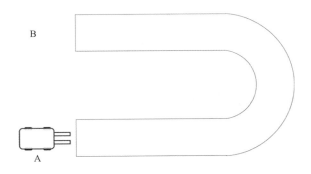

设备准备

电动叉车一台／组，安全帽一只／组，反光背心一件／组，手套一副／组，边线杆若干。

【任务实施】

活动一：按表 2-5 完成电动叉车"U"形前进操作。

表 2-5　电动叉车"U"形前进操作

步骤	步骤图片	步骤说明
1		穿戴好个人防护装具
2		观察场地，并完成车辆检查

续表

步骤	步骤图片	步骤说明
3		完成起步流程。起步后，驾驶员要目视前方，看远顾近，注意两旁
4		直线行驶
5		待叉车行驶至直线和弧形交界点时，方向盘顺时针转至四分之三圈左右
6		在弧形区域内微调方向，尽量贴近内线 20 cm 左右行驶

续表

步骤	步骤图片	步骤说明
7		前轮胎出弧形区域，方向回正
8		直线行驶至 B 区
9		到 B 区后完成停车流程操作

电动叉车
"U"形倒车

活动二：按表 2-6 完成电动叉车"U"形倒车操作。

表 2-6 电动叉车"U"形倒车操作

步骤	步骤图片	步骤说明
1		穿戴好个人防护装具

续表

步骤	步骤图片	步骤说明
2		观察场地，并完成车辆检查
3		上车后，完成起步流程操作（注意是拨倒车挡）。转头向后看倒车路线，倒车行驶
4		等前轮倒车至直线和弧形交界点时，方向盘向左转至四分之三圈左右
5		在弧形区域微调方向，尽量贴近内线 20 cm 左右行驶

续表

步骤	步骤图片	步骤说明
6		后轮胎出弧形区域时，方向盘逐步回正
7		直线倒车行驶至 A 区域
8		到 A 区后完成停车流程操作

【任务评价】

评价任务	序号	评价项目	扣分分值	次数	扣分小计	总得分
岗位技能评价（70分）	1	未检查车辆	5			
	2	起步或停车流程错误	5			
	3	起步或停车流程顺序颠倒	5			
	4	货叉提升高度达不到或超出 20 cm	5			
	5	上、下车方向错误	5			

评价任务	序号	评价项目	扣分分值	次数	扣分小计	总得分
岗位技能评价（70分）	6	停车转方向盘	5			
	7	碰到边线杆或轮胎压线	5			
	8	碰倒边线杆或轮胎出线	10			
	9	倒车时未回头观察	10			
职业素养评价（30分）	10	防护装具穿戴或摆放不规范	5			
	11	停车轮胎未回正	5			
	12	解安全带时安全带与车体碰撞	5			
	13	不听从教师安排而自行操作	10			

注："扣分小计"不超过"评价任务"总分值。

【任务小结】

姓名		班级		日期	
授课教师			任务名称		

任务内容解读：
1. 任务操作步骤。

2. 注意事项。

任务操作反馈：
1. 今天的操作内容你掌握了吗？（　　）
A. 完全掌握（100%）　　　　　　　B. 基本掌握（80%）
C. 勉强掌握（60%）　　　　　　　　D. 没有掌握（60%以下）
2. 本次任务哪个或哪几个步骤操作比较难，需要进一步练习？

任务完成反思：
1. 本次任务有什么收获？

2. 本次任务有需要自我改进的地方吗？

【任务拓展】

任务描述：驾驶叉车从右侧 A 区起步后，在 1.8 m 宽的 U 形通道内前进行驶到达 B 区，然后按原路倒车返回至 A 区，行驶路线如图2-6所示。要求行驶过程中不碰边线杆。

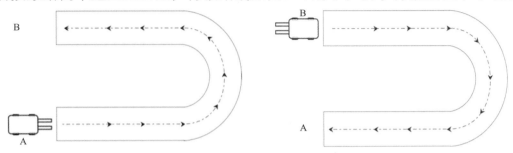

图 2-6 任务拓展行驶路线图

任务四 "L"形驾驶

电动叉车"L"
形驾驶

【任务描述】

小李同学驾驶叉车从 A 区起步后，在 2.1 m 宽的通道内向正前方行驶，在 O 处转弯，再行驶到达 B 区，然后反方向倒车至 A 区。要求行驶过程中不压线碰杆，不偏离规定路线。

【任务目标】

1. 知晓电动叉车直线行驶、倒车与转弯的注意事项。
2. 能规范操作电动叉车进行直线行驶、倒车与转弯。
3. 树立规范的操作意识与安全素养。

【任务准备】

场地准备

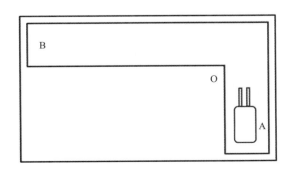

设备准备

电动叉车一台/组，安全帽一只/组，反光背心一件/组，手套一副/组，边线杆若干。

【任务实施】

按表 2-7 完成电动叉车"L"形前进和倒车操作。

表 2-7　电动叉车"L"形前进和倒车操作

步骤	步骤图片	步骤说明
1		穿戴好个人防护装具
2		观察场地，并完成车辆检查
3		完成起步流程操作
4		进入直线行驶路段，驾驶员要目视前方，以左侧边线为参照，向转弯点 O 驶近，并逐步修正左前轮与转弯点 O 的距离为 20 cm 左右
5		进入转弯区前要提前减速并打好转向灯，等左前轮轮轴到 O 处时，逆时针打满方向，并在轮胎过 O 处后，及时回正方向

续表

步骤	步骤图片	步骤说明
6		转弯过后及时修正方向，直线行驶至B区
7		到B区后，脚踩刹车，左手拨倒车挡，转头观察后方
8		倒车行驶：以左侧边线为参照，向转弯点O驶近，并逐步修正左前轮与转弯点O的距离为20 cm左右
9		等左前轮到达O处时，逆时针打满方向，并在轮胎过O处后，及时回正方向

续表

步骤	步骤图片	步骤说明
10		倒车行驶：当叉车后部向左（右）偏时，应向右（左）转方向盘，待叉车快要回到行驶路线时及时将方向盘回正
11		倒车行驶至A区后完成停车流程操作

【任务评价】

评价任务	序号	评价项目	扣分分值	次数	扣分小计	总得分
岗位技能评价（70分）	1	未检查车辆	5			
	2	起步或停车流程错误	5			
	3	起步或停车流程顺序颠倒	5			
	4	货叉提升高度达不到或超出20 cm	5			
	5	上、下车方向错误	5			
	6	前进与倒车挡位拨错	10			
	7	转弯前未打转向灯	10			
	8	碰到边线杆或轮胎压线	5			
	9	碰倒边线杆或轮胎出线	10			
	10	倒车时未回头观察	10			
职业素养评价（30分）	11	防护装具穿戴或摆放不规范	5			
	12	停车轮胎未回正	5			
	13	解安全带时安全带与车体碰撞	5			
	14	不听从教师安排而自行操作	10			

注："扣分小计"不超过"评价任务"总分值。

【任务小结】

姓名		班级		日期	
授课教师			任务名称		

任务内容解读：

1．任务操作步骤。

2．注意事项。

任务操作反馈：

1．今天的操作内容你掌握了吗？（　　　）

A．完全掌握（100%）　　　　　　　　B．基本掌握（80%）

C．勉强掌握（60%）　　　　　　　　D．没有掌握（60% 以下）

2．本次任务哪个或哪几个步骤操作比较难，需要进一步练习？

任务完成反思：

1．本次任务有什么收获？

2．本次任务有需要自我改进的地方吗？

 【任务拓展】

在电动叉车的两个货叉上各放一根钢管（图 2-7），从 A 区起步后，在 2.1 m 宽的通道内向正前方行驶，在 O 处转弯，再行驶到达 B 区，然后反方向倒车至 A 区，行驶路线如图 2-8 所示。要求行驶过程中不压线碰杆，并且钢管不能掉落，如钢管掉落，需下车捡起并放回至货叉上再继续操作。

图 2-7　任务拓展放钢管示意图

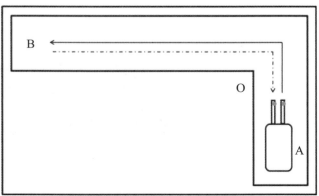

图 2-8　任务拓展行驶路线图

电动叉车上下
坡作业

任务五　电动叉车上、下坡作业

【任务描述】

小李同学完成"L"形驾驶任务后，需要驾驶叉车从 A 区起步，经过坡道 B，行驶到达 C 区，然后停车。要求行驶过程中操作连贯，不偏离规定路线，并严格遵守安全驾驶规章制度。

【任务目标】

1. 知晓电动叉车上下坡作业时的注意事项。
2. 能规范操作电动叉车进行上下坡作业。
3. 树立安全规范的操作意识与岗位素养。

【任务准备】

场地准备

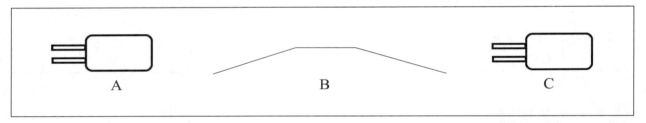

设备准备

电动叉车一台 / 组，安全帽一只 / 组，反光背心一件 / 组。

【任务实施】

活动：电动叉车上下坡作业（表 2-8）。

表 2-8　电动叉车上下坡作业

步骤	步骤图片	步骤说明
1		**穿戴防具：**穿戴好个人防护装具

续表

步骤	步骤图片	步骤说明
2		**起步流程**：完成起步流程。起步后，驾驶员要目视前方，看远顾近，注意两旁
3		**驾驶上坡**：修正方向，目视前方，匀速上坡
4		**驾驶下坡**：把握方向盘，目视前方，轻踩刹车，匀速（慢速）下坡。切记不要空挡滑行
5		**停车流程**：到达 C 区后完成停车流程操作

⚡ **技能充电：**

叉车载货上下坡需要注意什么？如果载货挡住视线怎么驾驶叉车？

在实际工作过程中，叉车的工作场地并不都是平坦的，叉车上下坡时一定要注意货物和人员的安全。载货上下坡要倒开叉车并注意门架的倾斜角度。图 2-9 至图 2-11 所示为叉车载货上下坡。禁止在坡道上转弯，也不应横跨坡道行驶。如果叉车所载货物挡住驾驶员的视线，应倒开叉车。还要注意叉车满载最大爬坡度，即叉车满载在干燥、坚实的路面上，以低速挡位行驶所能爬越的最大坡度（tanα），例如，杭叉 CPD10J 的满载最大爬坡度为 13%。

图 2-9　叉取货物倒车上坡准备

图 2-10　叉车载货上坡示意图

图 2-11　叉车载货下坡示意图

【任务评价】

评价任务	序号	评价项目	扣分分值	次数	扣分小计	总得分
岗位技能评价（70分）	1	未检查车辆	5			
	2	起步或停车流程错误	5			
	3	起步或停车流程顺序颠倒	5			
	4	货叉提升高度达不到或超出 20 cm	5			
	5	上、下车方向错误	5			
	6	前进与倒车挡位拨错	5			
	7	上坡速度太快	10			
	8	不匀速上坡	10			
	9	下坡速度太快	10			
	10	不匀速下坡	5			
	11	下坡空挡滑行	10			

基础技能（序号1～6）

新学技能（序号7～11）

评价任务	序号	评价项目	扣分分值	次数	扣分小计	总得分
职业素养评价（30分）	12	防护装具穿戴或摆放不规范	5			
	13	停车轮胎未回正	5			
	14	解安全带时安全带与车体碰撞	5			
	15	不听从教师安排而自行操作	10			

注："扣分小计"不超过"评价任务"总分值。

【任务小结】

姓名		班级		日期	
授课教师			任务名称		

任务内容解读：

1. 任务操作步骤。

2. 注意事项。

任务操作反馈：

1. 今天的操作内容你掌握了吗？（　　　）

A．完全掌握（100%）　　　　　　　　B．基本掌握（80%）

C．勉强掌握（60%）　　　　　　　　D．没有掌握（60%以下）

2. 本次任务哪个或哪几个步骤操作比较难，需要进一步练习？

任务完成反思：

1. 本次任务有什么收获？

2. 本次任务有需要自我改进的地方吗？

■■■【任务拓展】

　　任务描述：驾驶叉车从 A 区起步，经过坡道 B 向正前方直线行驶到达 C 区，叉取带货托盘（三层），然后直线倒车经过坡道 B 至 A 区，行驶路线如图 2-12 所示。要求行驶过程中操作连贯，不偏离规定路线，不碰撞托盘与货物。

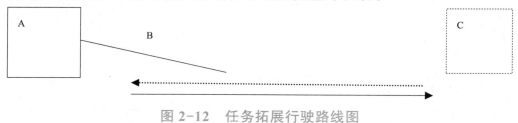

图 2-12　任务拓展行驶路线图

模块三　叉车作业

情境作业项目是根据企业实际工作场景设计的，在该项目中学习者将通过不同的企业还原情境，学会面对不同场景的不同操作。

情境作业项目包括七个任务：

任务一　取货与卸货作业

任务二　平放货叉作业

任务三　"T"形移库作业

任务四　窄通道作业

任务五　拆码垛作业

任务六　上、下架作业

任务七　移库作业

任务一　取货与卸货作业

【任务描述】

小李同学驾驶叉车从 A 区起步，在 2.1 m 宽的通道内向正前方行驶到达 B 区，叉取托盘，然后倒车至 A 区；换挡后，回至 B 区，将托盘放置于货位，然后再倒车回 A 区。要求行驶过程中不压线碰杆，不偏离规定路线，不碰撞托盘与货物。

【任务目标】

1. 知晓电动叉车取货与卸货作业的注意事项。
2. 能规范操作电动叉车进行取货与卸货作业。
3. 树立规范的操作意识与安全素养。

【任务准备】

场地准备

设备准备

电动叉车一台／组，安全帽一只／组，反光背心一件／组，手套一副／组，托盘一个／组，纸箱与边线杆若干。

取货与卸货作业

【任务实施】

活动一：按表 3-1 完成空托盘取货与卸货操作。

表 3-1　空托盘取货与卸货操作

步骤	步骤图片	步骤说明
1		**穿戴防具**：穿戴好个人防护装具
2		**起步流程**：完成起步流程。起步后，驾驶员要目视前方，看远顾近，注意两旁
3		**驶近托盘**：修正方向，货叉对准托盘，离托盘 1 m 时，脚踩刹车减速停车
4		**放平货叉**：等叉车停稳后，将倾斜操作杆向前推，放平货叉

步骤	步骤图片	步骤说明
5		**下降货叉**：将升降操作杆向前推，使货叉离地 2～8 cm
6		**进叉取货**：修正货叉，慢踩油门，将货叉叉进托盘插孔
7		**提升货叉**：拉好手制动，将升降操作杆向后拉，使货叉提升，离地 10～20 cm
8		**后倾货叉**：将倾斜操作杆向后拉，使货叉后倾
9		**退出货位**：拨倒车挡，松开手制动，慢踩油门，观察后方，倒车驶回 A 区

步骤	步骤图片	步骤说明
10		**卸货准备**：返回 A 区后，换前进挡，正向驶回 B 区
11		**驶近货位**：修正方向，使托盘对准货位，离货位 1 m 时，脚踩刹车减速
12		**驶入货位**：慢速度驶入货位，待托盘全部进入货位后，踩住刹车，并拉好手制动
13		**放平货叉**：将倾斜操作杆向前推，放平托盘
14		**下降货叉**：将升降操作杆向前推，使货叉下降至托盘落地（货叉离地 2 ～ 8 cm）

续表

步骤	步骤图片	步骤说明
15		**退叉倒车**：拨倒车挡，松开手制动，慢踩油门，倒车驶离货位 1 m
16		**提升货叉**：将升降操作杆向后拉，使货叉提升，离地 10～20 cm
17		**后倾货叉**：将倾斜操作杆向后拉，使货叉后倾
18		**驶离货位**：慢踩油门，倒车驶回 A 区
19		**停车流程**：到 A 区后完成停车流程操作

活动二：完成带货托盘取货与卸货操作。

操作步骤同活动一，在空托盘上放置 1 层纸箱。

⚡ **技能充电：**

驾驶叉车叉取托盘货物时货叉为什么要满叉？怎样操作才能满叉？

因为叉车的货叉长度是有限的，以龙工 16GB 为例，其货叉长度约 90 cm，是托盘长度的 3/4，满叉可以增强搬运时货物的稳定性；反之，越不满叉，货物稳定性越差。

如是空托盘，可以透过托盘表面的间隙来查看货叉进叉深度，以进入托盘 3/4 为依据进行判断即可，如图 3-1 和图 3-2 所示。

若是载货托盘，则通过看挡货架与货物之间的距离来判断，如图 3-3 和图 3-4 所示。

图 3-1　空托盘满叉判断横向图

图 3-2　空托盘满叉判断俯视图

图 3-3　载货托盘满叉横向图

图 3-4　载货托盘满叉俯视图

🏭 【任务评价】

评价任务		序号	评价项目	扣分分值	次数	扣分小计	总得分
岗位技能评价（70分）	基础技能	1	未检查车辆	5			
		2	起步或停车流程错误	5			
		3	起步或停车流程顺序颠倒	5			
		4	货叉提升高度达不到或超出 20 cm	5			
		5	上、下车方向错误	5			

续表

评价任务		序号	评价项目	扣分分值	次数	扣分小计	总得分
岗位技能评价（70分）	基础技能	6	前进与倒车挡位拨错	10			
		7	碰到边线杆或轮胎压线	5			
		8	碰倒边线杆或轮胎出线	10			
		9	倒车时未回头观察	10			
岗位技能评价（70分）	新学技能	10	货叉碰撞托盘或货物	5			
		11	货叉不满叉（>5 cm）	10			
		12	有货物调整货叉时不拉手制动	5			
		13	调整货叉时顺序颠倒	5			
		14	货叉撞地（声响明显）	5			
		15	退叉倒车时未松手制动	5			
		16	退叉倒车（1 m内）未及时调整货叉	5			
		17	因货叉不平拖拽托盘	10			
		18	托盘压线	5			
职业素养评价（30分）		19	防护装具穿戴或摆放不规范	5			
		20	停车轮胎未回正	5			
		21	解安全带时安全带与车体碰撞	5			
		22	不听从教师安排而自行操作	10			

注："扣分小计"不超过"评价任务"总分值。

【任务小结】

姓名		班级		日期	
授课教师			任务名称		

任务内容解读：

1. 任务操作步骤。

2. 注意事项。

任务操作反馈：

1. 今天的操作内容你掌握了吗？（　　　）

A. 完全掌握（100%）　　　　　　B. 基本掌握（80%）

C. 勉强掌握（60%）　　　　　　D. 没有掌握（60%以下）

2. 本次任务哪个或哪几个步骤操作比较难，需要进一步练习？

续表

姓名		班级		日期	
授课教师			任务名称		

任务完成反思:

1. 本次任务有什么收获?

2. 本次任务有需要自我改进的地方吗?

【任务拓展】

取货与卸货作
业之任务拓展

任务描述 1:驾驶叉车从 A 区起步,在 2 m 宽的通道内向正前方直线行驶到达 B 区,叉取带货托盘(三层),然后直线倒车至 A 区。换挡后,回至 B 区,将带货托盘放于货位,然后直线倒车回 A 区,行驶路线如图 3-5 所示。要求行驶过程中不压线碰杆,不偏离规定路线,不碰撞托盘与货物。

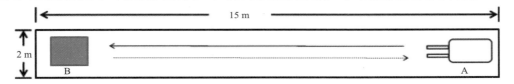

图 3-5 任务拓展 1 行驶路线图

任务描述 2:驾驶叉车从 A 区起步后,在 1.6 m 宽的通道内向正前方直线行驶到达 B 区,叉取带货托盘(三层),然后直线倒车至 A 区。换挡后,回至 B 区,将带货托盘放于货位,然后直线倒车回 A 区,行驶路线如图 3-6 所示。要求行驶过程中不压线碰杆,不偏离规定路线,不碰撞托盘与货物。

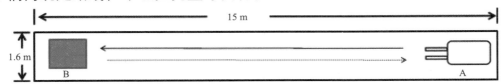

图 3-6 任务拓展 2 行驶路线图

互动空间

师傅金句:安全责任重于泰山,初出茅庐当谨慎驾驶!

同学们好!我是 ×××,这节课我给大家讲一个注意事项。

在企业工作,要讲求效率,然而比效率更重要的就是安全。这里讲的安全主要包含两个方面。

师傅金句

一方面是人员安全，例如，为了我们自身的安全，我们要戴安全帽、系安全带等；为了他人的安全，我们要鸣笛起步、打转向灯、慢速行驶。

另一方面是货物的安全，如果货物因为我们操作不当产生破损，是需要赔偿的，这直接影响大家的个人收入与形象。所以，在叉运货物时，我们必须严格按照操作规范作业。就以本次课程为例，同学们是第一次叉取货物，如果不能很好地控制车速，一脚油门便驶向货物，极有可能发生来不及刹车而导致货叉碰撞货物的事情，从而导致货物不同程度地受损。

所以，同学们，安全责任重于泰山，初出茅庐当谨慎驾驶！

任务二 平放货叉作业

【任务描述】

小李同学在上次作业中曾出现碰撞托盘和拖拽托盘的现象，经过老师的分析，他得知原来是自己的货叉调整得不到位，特别是货叉没有放平，总是有些后倾。为了避免此类情况再次发生，老师为小李量身定制了两个闯关游戏（一球定乾坤、两杆撑天下），快来看看吧！

【任务目标】

1. 知晓电动叉车叉取货物时放平货叉的重要性。
2. 能规范有效地操作电动叉车进行货叉平放。
3. 树立规范的操作意识与安全素养。

【任务准备】

场地准备

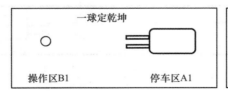
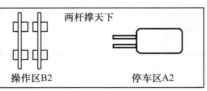

设备准备

电动叉车一台/组，安全帽一只/组，反光背心一件/组，手套一副/组，篮球一个/组，凳子四张/组，长杆两根/组，边线杆若干。

【任务实施】

活动一：按表3-2完成平放货叉（一球定乾坤）操作。

平放货叉作业
之（1）

表 3-2　平放货叉（一球定乾坤）操作

步骤	步骤图片	步骤说明
1		**穿戴防具**：穿戴好个人防护装具
2		**起步流程**：完成起步流程。起步后，驾驶员要目视前方，看远顾近，将两个货叉的中间部位对准钢管
3		**放平货叉**：待货叉离篮球 1 m 左右时，将倾斜操作杆向前推，使货叉放平
4		**驶入球下**：减速前行，使货叉中间部位通过钢管，停于篮球之下
5		**提升货叉**：将升降操作杆向后拉，缓慢提升货叉，直至将篮球升起且不滚动

续表

步骤	步骤图片	步骤说明
6		**下降货叉**：将升降操作杆向前推，缓慢下降货叉，直至将篮球重新降至钢管之上
7		**退叉倒车**：拨倒车挡，慢踩油门，倒车驶离货位1 m
8		**后倾货叉**：将倾斜操作杆向后拉，使货叉后倾
9		**驶离球区**：观察后方，倒回停车区
10		**停车流程**：完成停车流程操作

活动二：按表 3-3 完成平放货叉（两杆撑天下）操作。

表 3-3　平放货叉（两杆撑天下）操作　　　　平放货叉作业之（2）

步骤	步骤图片	步骤说明
1		**穿戴防具**：穿戴好个人防护装具
2		**起步流程**：完成起步流程。起步后，驾驶员要目视前方，看远顾近，将两个货叉对准凳子中间
3		**放平货叉**：待货叉离长杆 1 m 左右时，将倾斜操作杆向前推，使货叉放平
4		**驶入杆下**：减速前行，使货叉驶入两凳之间，停于两杆之下
5		**提升货叉**：将升降操作杆向后拉，缓慢提升货叉，直至将长杆升起且不滚走

续表

步骤	步骤图片	步骤说明
6		**下降货叉**：将升降操作杆向前推，缓慢下降货叉，直至将长杆重新降至凳子之上
7		**退叉倒车**：拨倒车挡，慢踩油门，倒车驶离货位 1 m
8		**后倾货叉**：倾斜操作杆向后拉，使货叉后倾
9		**驶离杆区**：拨倒车挡，观察后方，倒回停车区
10		**停车流程**：完成停车流程操作

⚡ 技能充电:

驾驶叉车搬运托盘货物时货叉为什么要后倾?

有些同学在叉取托盘时,习惯在提升货叉后便开始行驶。他们认为这样在把货物放到货位上时比较方便,既省时又省力。那操作规范要求叉车搬运托盘货物时货叉要后倾是多此一举吗?显然不是,操作规范的出发点是安全,叉车行驶时货叉后倾可以在一定程度上避免因急刹车而导致货物滑落货叉,从而造成货物损伤。因此,同学们要规范操作,保障货物安全。

🏭 【任务评价】

评价任务		序号	评价项目	扣分分值	次数	扣分小计	总得分
岗位技能评价(70分)	基础技能	1	未检查车辆	5			
		2	起步或停车流程错误	5			
		3	起步或停车流程顺序颠倒	5			
		4	货叉提升高度达不到或超出 20 cm	5			
		5	上、下车方向错误	5			
		6	前进与倒车挡位拨错	10			
		7	碰到边线杆或轮胎压线	5			
		8	碰倒边线杆或轮胎出线	10			
		9	倒车时未回头观察	10			
	新学技能	10	货叉碰撞篮球或长杆	5			
		11	篮球或长杆滚动	5			
		12	篮球或长杆掉落	10			
职业素养评价(30分)		13	防护装具穿戴或摆放不规范	5			
		14	停车轮胎未回正	5			
		15	解安全带时安全带与车体碰撞	5			
		16	不听从教师安排而自行操作	10			

注:"扣分小计"不超过"评价任务"总分值。

📋 【任务小结】

姓名		班级		日期	
授课教师			任务名称		

任务内容解读：

1．任务操作步骤。

2．注意事项。

任务操作反馈：

1．今天的操作内容你掌握了吗？（　　　）

A．完全掌握（100%）　　　　　　B．基本掌握（80%）

C．勉强掌握（60%）　　　　　　D．没有掌握（60%以下）

2．本次任务哪个或哪几个步骤操作比较难，需要进一步练习？

任务完成反思：

1．本次任务有什么收获？

2．本次任务有需要自我改进的地方吗？

🚚 【任务拓展】

电动叉车"T"
形移库作业

　　任务描述：驾驶叉车从 A 区起步，直线行驶到达 B 区，放平货叉，升降带钢管、篮球的托盘，然后直线倒车回 A 区，行驶路线如图 3-7 所示。要求升降过程中钢管不晃、篮球不动。

(a)

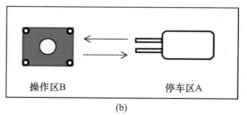

操作区B　　　　　　　停车区A

(b)

图 3-7　任务拓展行驶路线图

🔊 互动空间

师傅金句："摆好货叉三角度，提升安全新高度！"

同学们好！我是×××，这节课我给大家介绍一下货叉的三个角度。

货叉的三个角度即货叉的三个状态（前倾、放平与后倾），这其实与

师傅金句

叉车的三个状态相关联，即停车、取放、行驶。

当叉车处于停车状态时，货叉宜略微前倾，使整个货叉紧贴于地面，这样操作可以减少人员经过时被钩绊的风险。

当叉车处于取放货物时，货叉宜放平，这样操作可以使货叉进出托盘插口更便利，减少货叉与托盘发生碰撞或钩拽的风险。

当叉车处于行驶状态时，货叉宜后倾，这样操作可以提升货物的稳定性，从而避免因急刹车而导致货物滑出。

所以，同学们，货叉虽小，安全事大。最后，送大家一句话："摆好货叉三角度，提升安全新高度！"

任务三 "T"形移库作业

【任务描述】

小李同学驾驶叉车从 A 区起步，在 2.1 m 宽的通道内直角左转弯行驶到达 B 区，叉取一层带货托盘，然后直角倒车至 A 区；换挡后，直角右转弯行驶至 C 区，将托盘放于 C 区，然后再倒车回 A 区。要求行驶过程中不压线碰杆，不偏离规定路线，不碰撞托盘与货物。

【任务目标】

1. 能规范操作电动叉车进行叉取货物及卸货作业。
2. 能规范操作电动叉车进行带托盘直角转弯及倒车。
3. 树立规范的操作意识与安全素养。

【任务准备】

场地准备

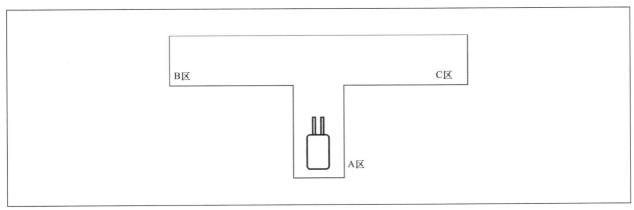

设备准备

电动叉车一台/组，安全帽一只/组，反光背心一件/组，手套一副/组，托盘一个/组，纸箱与边线杆若干。

电动叉车"T"
形移库作业

【任务实施】

活动一：B区向C区移库作业（表3-4）。

表3-4　B区向C区移库作业

步骤	步骤图片	步骤说明
1		**穿戴防具**：穿戴好个人防护装具
2		**起步流程**：完成起步流程。起步后，驾驶员要目视转向标志杆，看远顾近，注意两旁
3		**调整角度**：打左转向灯并向左轻轻转动方向盘，与转向标志杆呈40°，逐渐靠拢转向标志杆
4		**直角转弯**：当叉车左前轮中心与转向标志杆平行且距离5～10 cm时向左转动方向盘

步骤	步骤图片	步骤说明
5		**回正方向**：当叉车驶入转向通道后与通道呈 45° 时，拨回转向灯慢慢回正方向，使叉车行驶在通道中间
6		**驶近托盘**：货叉对准托盘，离托盘 1 m 时，脚踩刹车减速停车并调整货叉
7		**叉取托盘**：车辆驶入 B 区，按规范要求叉取托盘
8		**退出货位**：观察后方，拨倒车挡，松开手制动，轻踩油门，使带货托盘离开货位
9		**向左靠拢**：观察后方，向左轻轻转动方向盘，使叉车向左边线靠拢，叉车与通道呈 30°～40°

步骤	步骤图片	步骤说明
10		**直角倒车**：打左转向灯，当叉车左前轮中心与转向标志杆平行且距离 5～10 cm 时向左转方向盘
11		**回正方向**：当叉车倒入转向通道后与通道呈 45°时，拨回转向灯慢慢回正方向，使叉车行驶在通道中间并回到 A 区
12		**调整角度**：拨前进挡，打右转向灯并向右轻轻转动方向盘，与转向标志杆呈 40°，逐渐靠拢转向标志杆
13		**直角转弯**：当叉车右前轮中心与转向标志杆平行且距离 5～10 cm 时向左转方向盘
14		**回正方向**：当叉车驶入转向通道后与通道呈 45°时，拨回转向灯慢慢回正方向，使叉车行驶在通道中间

步骤	步骤图片	步骤说明
15		**驶近货位**：货叉对准货位，离货位 1 m 时，脚踩刹车减速慢行
16		**卸下托盘**：车辆驶入 C 区，按规范要求卸下托盘
17		**退出货位**：拨倒车挡，松开手制动，轻踩油门，使货叉离开货位
18		**向右靠拢**：观察后方，向右轻轻转动方向盘，使叉车向右边线靠拢，叉车与通道呈 30°～40°
19		**直角倒车**：当叉车左前轮中心与转向标志杆平行且距离 5～10 cm 时向右转方向盘

续表

步骤	步骤图片	步骤说明
20		**回正方向：** 当叉车倒入转向通道后与通道呈45°时，拨回转向灯慢慢回正方向，使叉车行驶在通道中间并回到A区
21		**停车流程：** 到A区后完成停车流程操作

活动二：C区向B区移库作业

操作步骤同活动一。

⚡ **技能充电：**

叉车直角转弯时为什么要与转向侧的边线呈40°？

因为直角转弯时与转向侧的边线呈40°，方向盘转向角度和车身转向角度小，叉车尾部不容易碰到标志杆，且回正方向的角度更小，操作更轻松。图3-8和图3-9所示为90°转弯示意图，图3-10和图3-11所示为40°转弯示意图。

图3-8　90°转弯图

图3-9　90°转弯时的车身转向半径图

图3-10　40°转弯图

图3-11　40°转弯时的车身转向半径图

【任务评价】

评价任务		序号	评价项目	扣分分值	次数	扣分小计	总得分
岗位技能评价（70分）	基础技能	1	未检查车辆	5			
		2	起步或停车流程错误	5			
		3	起步或停车流程顺序颠倒	5			
		4	货叉提升高度达不到或超出20 cm	5			
		5	碰到边线杆或轮胎压线	5			
		6	碰倒边线杆或轮胎出线	10			
		7	货叉碰撞托盘或货物	5			
		8	货叉不满叉（>5 cm）	5			
		9	有货物调整货叉时不拉手制动	5			
		10	调整货叉时顺序颠倒	5			
		11	货叉撞地（声响明显）	5			
		12	退叉倒车时未松手制动	5			
		13	退叉倒车（1 m内）未及时调整货叉	5			
		14	因货叉不平拖拽托盘	10			
		15	托盘压线	5			
	新学技能	16	转向时未打转向灯	10			
职业素养评价（30分）		17	防护装具穿戴或摆放不规范	5			
		18	停车轮胎未回正	5			
		19	解安全带时安全带与车体碰撞	5			
		20	不听从教师安排而自行操作	10			

注："扣分小计"不超过"评价任务"总分值。

【任务小结】

姓名		班级		日期	
授课教师			任务名称		

任务内容解读：

1．任务操作步骤。

2．注意事项。

任务操作反馈：

1．今天的操作内容你掌握了吗？（　　　）

A．完全掌握（100%）　　　　　　　B．基本掌握（80%）

C．勉强掌握（60%）　　　　　　　　D．没有掌握（60% 以下）

2．本次任务哪个或哪几个步骤操作比较难，需要进一步练习？

任务完成反思：

1．本次任务有什么收获？

2．本次任务有需要自我改进的地方吗？

互动空间

师傅金句：直角转弯不要慌，起步以后调方向，40° 转方向盘，轻轻松松就过弯。45° 回方向，慢慢修正到中央，轻取轻放要小心，顺顺利利就过关。

师傅金句

同学们好！我是×××，这节课我给大家讲一个注意事项。

在库内工作时，为了提高库区的周转率和利用率，移库作业是基本作业，直角转弯也是根据库内的通道进行设计的。大家只要记住直角转弯时与转向标志杆（参照物）呈一定的角度就可以，这样操作的话，转方向盘的角度就会小很多，叉车的尾部碰到后边障碍物的概率就会降低，特别适合室内仓库中狭小的空间。无论你的技术有多娴熟，在行驶过程中都一定要观察车辆两边，转向前务必减速并查看车辆后边，确保与货物保持一定的安全距离。

【任务拓展】

任务描述：驾驶叉车从 A 区起步，在 2 m 宽的通道内直角左转弯行驶到达 B 区，叉取三层带货托盘，然后直角倒车至 A 区；换挡后，直角右转弯行驶至 C 区，将托盘放于 C 区，然后再倒车回 A 区，行驶路线如图 3-12 所示。要求行驶过程中不压线碰杆，不偏离规定路线，不碰撞托盘与货物。

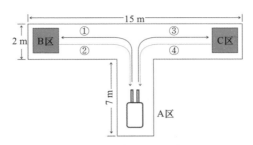

图 3-12　任务拓展行驶路线图

任务四　窄通道作业

【任务描述】

小李同学驾驶叉车从叉车存放区（A区）起步，在通道内直角转弯到达托盘交接区（B区）交叉取货物，然后倒车至作业通道；换挡后直线行驶，直角转弯行驶至托盘交接区（C区）并将货物放至C区，然后再倒车回A区。要求行驶过程中不压线碰杆，不偏离规定路线，不碰撞托盘与货物。

【任务目标】

1. 熟练掌握通道直角转弯技术。
2. 熟悉并掌握取货和卸载"八步法"的操作步骤和要领。
3. 具有一定的安全意识和良好的操作行为规范。

【任务准备】

场地准备

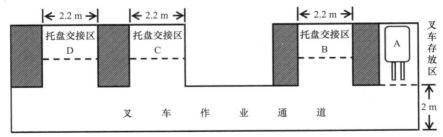

设备准备

电动叉车一台／组，安全帽一只／组，反光背心一件／组，手套一副／组，托盘若干，纸箱与边线杆若干。

【任务实施】

活动一：空载通道行驶（表3-5）。

空载通道行驶

表 3-5 空载通道行驶

步骤	步骤图片	步骤说明
1		**穿戴防具**：穿戴好个人防护装具
2		**起步流程**：完成起步流程。起步后，驾驶员要目视前方，看远顾近，注意两旁
3		**驶入通道**：车辆起步后，直角转弯驶入窄通道，并打右转向灯
4		**驶近交接区**：车辆行进至靠近B区时，直角转弯驶入B区通道

步骤	步骤图片	步骤说明
5		**驶离交接区**：车辆直角转弯倒行至叉车作业通道
6		**直线行驶**：修正方向，确保车辆直线行驶
7		**驶近交接区**：车辆行进至靠近C区时，直角转弯驶入C区通道
8		**驶离交接区**：车辆直角转弯倒行至叉车作业通道

步骤	步骤图片	步骤说明
9		**倒车行驶**：修正方向，确保车辆直线行驶回 A 区
10		**停车流程**：到 A 区后完成停车流程操作

⚡ 技能充电：

A 叉车在通道行驶中遇到转弯时，要注意哪些事项？

（1）驾驶叉车遇到转弯时，要打转向灯；

（2）转弯时若视线被障碍物遮挡，必须鸣喇叭，提醒周围人员；

（3）直角转弯时，车辆要靠近转弯角，当前轮的中间线到达转弯角时（图 3-13），须及时转方向盘；

（4）转弯时，车速须控制到位，宜慢不宜快，要防止因离心力太大而造成轮胎离地。

叉车离杆20～30 cm

图 3-13 直角转弯示意图

活动二：载货通道行驶（表3-6）。

表3-6　载货通道行驶

步骤	步骤图片	步骤说明
1		**穿戴防具**：穿戴好个人防护装具
2		**起步流程**：完成起步流程。起步后，驾驶员要目视前方，看远顾近，注意两旁
3		**驶入通道**：车辆起步后，直角转弯驶入窄通道，并打右转向灯
4		**直线行驶**：修正方向，确保车辆直线行驶
5		**驶近交接区**：车辆直线行进至靠近C区时，直角转弯驶入C区通道

步骤	步骤图片	步骤说明
6		**叉取托盘**：按取货"八步法"叉取 C 区的托盘，并驶离
7		**驶入通道**：倒车直角转弯驶入窄通道，并打右转向灯
8		**倒车行驶**：修正方向，确保车辆直线行驶至作业通道尾
9		**驶近交接区**：车辆正向直角转弯驶入 B 区通道

续表

步骤	步骤图片	步骤说明
10		**卸载托盘**：按卸货"八步法"卸载托盘至 B 区，并驶离
11		**停车流程**：到 A 区后完成停车流程操作

⚡ **技能充电：**

　　什么是取货、卸货"八步法"？

　　"八步法"就是作业过程由八个步骤组成。

　　取货"八步法"分别是驶进货位、垂直门架、调整叉高、进叉取货、微提货叉、后倾门架、退出货位、调整叉高。

　　卸载"八步法"分别是驶进货位、垂直门架、调整叉高、进车对位、落叉卸货、退车抽叉、后倾门架、调整叉高。

　　作业时，步骤不可少，顺序不可错。

【任务评价】

评价任务		序号	评价项目	扣分分值	次数	扣分小计	总得分
岗位技能评价（70分）	基础技能	1	未检查车辆	5			
		2	未按规范上、下车	5			
		3	未按规范起步、停车	5			
		4	叉车行驶中升降货叉	5			
		5	货叉提升高度达不到或超过20 cm	5			
		6	叉车行驶中升降货叉	5			
		7	叉车起步时未打转向灯	5			
		8	碰边线杆或轮胎压线	5			
		9	倒车时未回头观察	10			
	新学技能	10	货叉碰撞托盘或货物	5			
		11	货叉不满叉（＞5 cm）	10			
		12	未按取货"八步法"取货	10			
		13	未按卸载"八步法"卸货	10			
		14	货物整箱掉落	5			
		15	货叉撞地（声响明显）	5			
		16	退叉倒车（1 m内）未及时调整货叉	5			
		17	因货叉不平拖拽托盘	10			
		18	托盘压线	5			
职业素养评价（30分）		19	防护装具穿戴或摆放不规范	5			
		20	停车轮胎未回正	5			
		21	解安全带时安全带与车体碰撞	5			
		22	不听从教师安排而自行操作	10			

注："扣分小计"不超过"评价任务"总分值。

【任务小结】

姓名		班级		日期	
授课教师			任务名称		

任务内容解读：

1．任务操作步骤。

2．注意事项。

任务操作反馈：

1．今天的操作内容你掌握了吗？（　　　　）

A．完全掌握（100%）　　　　　　　　B．基本掌握（80%）

C．勉强掌握（60%）　　　　　　　　D．没有掌握（60% 以下）

2．本次任务哪个或哪几个步骤操作比较难，需要进一步练习？

任务完成反思：

1．本次任务有什么收获？

2．本次任务有需要自我改进的地方吗？

【任务拓展】

任务描述 1：驾驶叉车从叉车存放区（A区）起步直角转弯后，在 2 m 宽的通道内正向行驶至托盘交接区（B区），叉取一带货托盘，然后搬运至托盘交接区（C区），再行驶至托盘交接区（D区），叉取带货托盘，搬运至 B 区，最后车辆倒回 A 区，行驶路线如图 3-14 所示。要求行驶过程中不压线碰杆，不偏离规定路线，不碰撞托盘，不掉落纸箱。

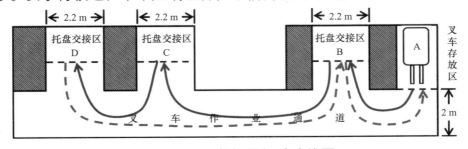

图 3-14　任务拓展行驶路线图

任务描述 2：驾驶叉车从叉车存放区（A区）起步直角转弯后，在 2 m 宽的通道内正向行驶至托盘交接区（B区），叉取一带货托盘，然后搬运至托盘交接区（D区）。再行驶至托盘交接区（C区），叉取一带货托盘，搬运至托盘交接区（D区），最后车辆倒回 A 区，行驶路线如图 3-15 所示。要求行驶过程中不压线碰杆，不偏离规定路

线，不碰撞托盘，不掉落纸箱。

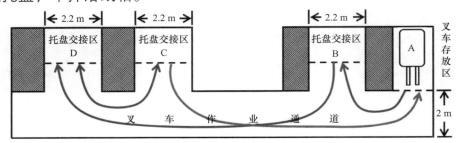

图 3-15　任务拓展行驶路线图

师傅金句

互动空间

师傅金句：安全责任重于泰山，初出茅庐当谨慎驾驶！

同学们好！我是×××，这节课我给大家讲一讲启动发动机前的检查。

叉车不同于固定的机械设备，其工作环境是随时变化的，工作状况取决于驾驶员的即时操作，所以叉车作业的安全掌握在叉车驾驶员的手中、脚下，这就对叉车驾驶员提出了比其他操作人员更高的安全技术要求。

叉车在启动发动机前的检查影响着后续作业，检查作业对于叉车驾驶员来说是一项重要的要求。启动发动机前的检查作业包括：①检查地面有无新滴下的油迹，寻找漏油部位，根据渗透情况确定可否运行或检修；②检查发动机的机油、冷却水、柴油、液压油、制动液是否充足，并注意油液的清洁度；③检查轮胎气压是否足够及磨损是否过量、轮辋有无裂纹、紧固螺栓是否紧固齐全；④检查转向系、制动系静态下是否符合要求；⑤检查风扇叶片有无裂纹、皮带是否合适；⑥检查车灯（大小灯、转向灯、制动灯）及喇叭是否正常。

相信同学们能够记住这些要求，在实际操作过程中能够按照此要求进行操作。安全责任重于泰山，初出茅庐当谨慎驾驶！

任务五　拆码垛作业

【任务描述】

小李同学驾驶叉车从 A 区起步，在通道内直线行驶到达 B 区，拆取 B 区最上面的一托货物，然后倒车行驶至 A 区；换挡后向前直线行驶至 B 区，将这托货物整齐地码放在 B 区货物之上，然后再倒车回 A 区。要求行驶过程中不压线碰杆，不偏离规定路线，不碰撞托盘与货物。

【任务目标】

1. 熟悉并掌握取货和卸载"八步法"的操作步骤和要领。
2. 了解货物拆码垛的注意事项。

3．具有一定的安全意识和良好的操作行为规范。

【任务准备】

场地准备

B　　　　　　　　　　　　　　　　　　　　　　A

设备准备

电动叉车一台／组，安全帽一只／组，反光背心一件／组，手套一副／组，托盘两个／组，纸箱与边线杆若干。

拆垛作业操作　　码垛作业操作

【任务实施】

活动：拆码垛作业操作（表 3-7）。

表 3-7　拆码垛作业操作

步骤	步骤图片	步骤说明
1		**穿戴防具**：穿戴好个人防护装具
2		**起步流程**：完成起步流程。起步后，驾驶员要目视前方，看远顾近，注意两旁
3		**驶近货垛**：向前直线行驶并修正方向，使货叉对准 B 区货垛，离货垛 1 m 时，脚踩刹车减速

续表

步骤	步骤图片	步骤说明
4		**放平货叉**：等叉车停稳后，向前推倾斜操作杆，放平货叉
5		**调整叉高**：向后拉升降操作杆，提升货叉，使货叉对准货下间隙或托盘叉孔
6		**进叉取货**：修正货叉，慢踩油门向前缓慢行驶，货叉插入货下间隙或托盘叉孔。当叉车门架轻触货物时，叉车制动
7		**微提货叉**：向后拉升降操作杆，使货叉提升至可离开安全高度
8		**后倾货叉**：向后拉倾斜操作杆，使货叉后倾

续表

步骤	步骤图片	步骤说明
9		**退出货位**：变速杆拨倒挡，松开制动，慢踩油门，叉车后退至货物可以安全落下的位置
10		**调整叉高**：向前推升降操作杆，下降货叉至距地面 20～30 cm
11		**驶离货位**：慢踩油门，倒车驶回 A 区
12		**驶近货垛**：将变速杆拨前进挡，向前直线行驶并修正方向，使托盘对准 B 区货垛，离货垛 1 m 时，脚踩刹车减速
13		**放平货叉**：等叉车停稳后，向前推倾斜操作杆，放平货叉

续表

步骤	步骤图片	步骤说明
14		**调整叉高**：向后拉升降操作杆，提升货叉至安全作业高度
15		**进车对位**：叉车缓慢前进驶入 B 区货垛，待托盘位于待放货物（托盘）处的上方，停车制动
16		**落叉卸货**：向前推升降操作杆，使货叉缓慢下降，将货物（托盘）平稳地放在货垛上
17		**退车抽叉**：货叉微降，离开货物底部，将变速杆置于倒挡，货叉缓慢退出货垛
18		**后倾货叉**：向后拉倾斜操作杆，使货叉后倾

续表

步骤	步骤图片	步骤说明
19		**调整叉高**：向前推升降操作杆，下降货叉至距地面20～30 cm
20		**驶离货位**：慢踩油门，倒车驶回A区
21		**停车流程**：到A区后完成停车流程操作

【任务评价】

评价任务		序号	评价项目	扣分分值	次数	扣分小计	总得分
岗位技能评价（70分）	基础技能	1	未检查车辆	5			
		2	未按规范上、下车	5			
		3	未按规范起步、停车	5			
		4	货叉提升高度达不到或超过20 cm	5			
		5	叉车行驶中升降货叉	5			
		6	碰边线杆或轮胎压线	5			
		7	倒车时未回头观察	10			

续表

评价任务		序号	评价项目	扣分分值	次数	扣分小计	总得分
岗位技能评价（70分）	新学技能	8	货叉碰撞托盘或货物	5			
		9	货叉不满叉（＞5 cm）	10			
		10	未按取货"八步法"取货	10			
		11	未按卸载"八步法"卸货	10			
		12	托盘堆叠不整齐	5			
		13	货物倒垛	10			
		14	托盘上钢管掉落	5			
		15	货叉撞地（声响明显）	5			
		16	退叉倒车（1 m内）未及时调整货叉	5			
		17	因货叉不平拖拽托盘	10			
		18	托盘压线	5			
职业素养评价（30分）		19	防护装具穿戴或摆放不规范	5			
		20	停车轮胎未回正	5			
		21	解安全带时安全带与车体碰撞	5			
		22	不听从教师安排而自行操作	10			

注："扣分小计"不超过"评价任务"总分值。

【任务小结】

姓名		班级		日期	
授课教师			任务名称		
任务内容解读： 1. 任务操作步骤。 2. 注意事项。					
任务操作反馈： 1. 今天的操作内容你掌握了吗？（ ） A. 完全掌握（100%） B. 基本掌握（80%） C. 勉强掌握（60%） D. 没有掌握（60%以下） 2. 本次任务哪个或哪几个步骤操作比较难，需要进一步练习？					

续表

姓名		班级		日期	
授课教师			任务名称		

任务完成反思：

1．本次任务有什么收获？

2．本次任务有需要自我改进的地方吗？

【任务拓展】

任务描述：驾驶叉车从 A 区起步，在 2 m 宽的通道内向正前方直线行驶到达 B 区，叉取带钢管托盘（托盘 4 个角各放一根钢管，如图 3-16 所示），然后直线倒车至 A 区。换挡后，驶回至 B 区，将带钢管托盘放于另一带钢管托盘上，然后直线倒车回 A 区，行驶路线如图 3-17 所示。要求行驶过程中不压线碰杆，不偏离规定路线，不碰撞托盘，不掉落钢管。

图 3-16　任务拓展带钢管托盘示意图

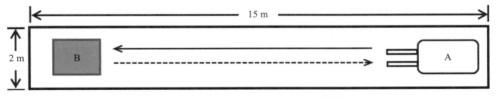

图 3-17　任务拓展行驶路线图

互动空间

师傅金句：安全责任重于泰山，初出茅庐当谨慎驾驶！

同学们好！我是 ×××，这节课我给大家讲一讲电动叉车在行驶过程中的一些注意事项。

（1）厂内行驶时必须遵守行车准则，自觉限速；

（2）叉车严禁载人行驶，严禁熄火滑行、脱挡滑行或是踩下离合器滑行；

（3）行驶过程中要集中注意力，谨慎驾驶，保持安全时速，并且注意行人和车辆的动态；

（4）通过狭窄或低矮的地方时，谨慎通行，必要时应有专人指挥，不要盲目强行

师傅金句

通过；

（5）应注意车轮不得碾压垫木等物品，以免碾压物蹦起伤人；

（6）不在坡道上横向行驶、转弯或进行装卸作业。

上述要求是叉车在行驶过程的注意事项，同学们必须牢记在心。安全责任重于泰山，初出茅庐当谨慎驾驶！

任务六　上、下架作业

【任务描述】

上下架作业是叉车的重要作业项目之一，使用叉车在托盘货架区叉取和卸载货物是叉车司机的常态化工作。今天小李接到了一个出入库作业指令（表3-8），需要将放置于托盘交接区（D区）的农夫山泉（产品批号20200608，数量为20箱）入库上架至储位B00101；将存放在B00104的百事可乐（货号20200818，数量为15箱）出库下架至托盘交接区（D区），图3-18所示为托盘货架B储位分配图。

表3-8　出入库作业指令

指令	货品	数量/箱	批号	储位	新储位
入库上架	农夫山泉	20	20200608	D区	B00101
出库下架	百事可乐	15	20200818	B00104	D区

			怡宝矿泉水 （21箱） [20200505]		
B00200	B00201	B00202	B00203	B00204	B00205
冰露矿泉水 （10箱） [20200807]		农夫山泉 （20箱） [20200608]		百事可乐 （15箱） [20200818]	清风卷纸 （12箱） [20200918]
B00100	B00101	B00102	B00103	B00104	B00105
	康师傅绿茶 （15箱） [20200820]	康师傅绿茶 （15箱） [20200831]			
B00000	B00001	B00002	B00003	B00004	B00005

图3-18　托盘货架区货架B储位分配图

【任务目标】

1．熟悉并掌握取货和卸载"八步法"的操作步骤和要领。
2．能合理设计行驶路线并灵活驾驶。
3．具有一定的安全意识和良好的操作行为规范。

【任务准备】

场地准备

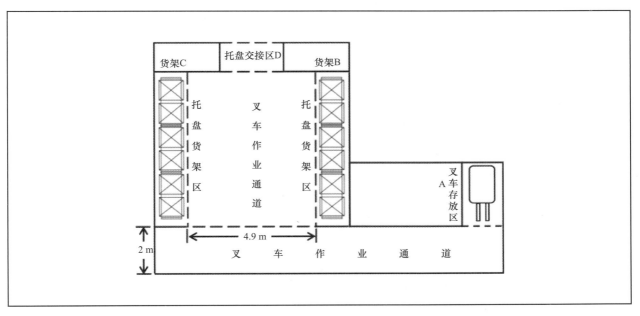

设备准备

电动叉车一台／组，安全帽一只／组，反光背心一件／组，手套一副／组，托盘若干，货架若干组，纸箱与边线杆若干。

【任务实施】

活动一：上架作业（表3-9）。

表3-9　上架作业

上下架作业

步骤	步骤图片	步骤说明
1		**穿戴防具**：穿戴好个人防护装具

续表

步骤	步骤图片	步骤说明
2		**起步流程**：完成起步流程，起步后，驾驶员要目视前方，看远顾近，注意两旁
3		**驶近交接区**：从 A 区出发，车辆按最优路线正向行驶至 D 区
4		**叉取货物**：按取货"八步法"在 D 区叉取入库上架的货物"农夫山泉（20 箱，批号：20200608）"

步骤	步骤图片	步骤说明
5		**驶近定位**：根据出入库作业入库上架指令，车辆按最优路线行驶至入库上架储位"B00101"
6		**上架入位**：按卸货"八步法"将货物"农夫山泉（20箱，批号：20200608）"上架至储位"B00101"

活动二：下架作业（表3-10）。

表3-10　下架作业

步骤	步骤图片	步骤说明
7		**驶近定位**：根据出入库作业出库下架指令，车辆按最优路线行驶至出库下架储位"B00104"

续表

步骤	步骤图片	步骤说明
8		**下架货物**：按取货"八步法"将货物"百事可乐（15箱，批号：20200818）"从储位"B00104"下架
9		**驶近交接区**：下架货物后，车辆按最优路线行驶至D区
10		**卸货入位**：按卸货"八步法"将货物"百事可乐（15箱，批号：20200818）"卸货至D区

续表

步骤	步骤图片	步骤说明
11		**返库停车**：车辆按最优路线倒行至 A 区后，完成停车流程操作

⚡ **技能充电：**

货物上架入位时，托盘底部超过货架横梁多少厘米算合理？托盘在货架横梁上如何算放置整齐？

货物上架入位时，托盘底部要超过货架横梁 5～10 cm，才能确保入位安全，如图 3-19 所示。

托盘放置在货架横梁上，整齐标准为托盘前后端各距横梁 20 cm，托盘左右端距离立柱及横梁中心 16 cm，如图 3-20 所示。在此标准下，托盘前后和左右若超出标准距离 2 cm，则视为托盘放置不整齐。

图 3-19 货物上架入位示意图

图 3-20 托盘在货架横梁上的放置示意图

【任务评价】

评价任务	序号		评价项目	扣分分值	次数	扣分小计	总得分
岗位技能评价（70分）	基础技能	1	未检查车辆	5			
		2	未按规范上、下车	5			
		3	未按规范起步、停车	5			
		4	货叉提升高度达不到或超过 20 cm	5			
		5	叉车行驶中升降货叉	5			
		6	叉车起步时未打转向灯	5			
		7	碰边线杆或轮胎压线	5			
		8	倒车时未回头观察	10			
	新学技能	9	货叉碰撞托盘或货物	5			
		10	货叉不满叉（＞5 cm）	10			
		11	未按取货"八步法"取货	10			
		12	未按卸载"八步法"卸货	10			
		13	托盘放置不整齐	5			
		14	上、下架储位错误	10			
		15	货物整箱掉落	5			
		16	货叉撞地（声响明显）	5			
		17	退叉倒车（1 m 内）未及时调整货叉	5			
		18	因货叉不平拖拽托盘	10			
		19	托盘压线	5			
职业素养评价（30分）		20	防护装具穿戴或摆放不规范	5			
		21	停车轮胎未回正	5			
		22	解安全带时安全带与车体碰撞	5			
		23	不听从教师安排而自行操作	10			

注："扣分小计"不超过"评价任务"总分值。

【任务小结】

姓名		班级		日期	
授课教师			任务名称		

任务内容解读：

1. 任务操作步骤。

2. 注意事项。

任务操作反馈：

1. 今天的操作内容你掌握了吗？（　　　）

A. 完全掌握（100%）　　　　　　　　B. 基本掌握（80%）

C. 勉强掌握（60%）　　　　　　　　　D. 没有掌握（60%以下）

2. 本次任务哪个或哪几个步骤操作比较难，需要进一步练习？

任务完成反思：

1. 本次任务有什么收获？

2. 本次任务有需要自我改进的地方吗？

【任务拓展】

任务描述：驾驶叉车从叉车存放区（A区）起步后，根据出入库作业指令（表3-11）按最优路线行驶至托盘交接区（D区），叉取带货"农夫山泉（20箱，批号：20200608）"后上架至储位"B00202"（第三层），然后按最优路线驾驶叉车从储位"B00203"（第三层）下架货物"怡宝矿泉水（21箱，批号：20200505）"至托盘交接区（D区）。最后将车辆倒回叉车存放区（A区），完成整个上下架流程。图3-21和图3-22所示为上下架作业示意图。

表3-11　出入库作业指令

指令	货品	数量/箱	批号	储位	新储位
入库上架	农夫山泉	20	20200606	D区	B00202
出库下架	怡宝矿泉水	21	20200505	B00203	D区

图 3-21 　 入库上架至三层储位　　　　　　图 3-22 　 由三层储位出库下架

互动空间

师傅金句：安全责任重于泰山，初出茅庐当谨慎驾驶！

同学们好！我是×××，这节课我给大家讲一讲电动叉车上下架作业中的安全规范。

师傅金句

随着库存区域作业的频率越来越高，安全规范作业也变得越来越重要。下面来讲一讲具体的上下架作业安全规范：

（1）货物重心在规定的载荷中心，不得超过额定的起重量；

（2）应根据货物大小调整货叉间距，使货物的重心在叉车纵轴线上；

（3）货叉接近或撤离货物时车速应缓慢平稳，并确定货物放置平稳可靠后，方可行驶；

（4）叉车停稳后方可进行上下架作业，作业时货叉附近不得有人，一般情况下货叉不得做可升降检修平台；

（5）货叉悬空时发动机不得熄火，驾驶员不得离开驾驶室，并阻止行人从货叉架下通过；

（6）当叉取的大件货物挡住驾驶员的视线时，叉车应倒退低速行驶；

（7）不得单叉作业；

（8）不得在斜坡上进行上下架作业；

（9）不得在行进中升降货叉。

上述要求是叉车上下架作业过程的注意事项，同学们必须牢记在心。安全责任重于泰山，初出茅庐当谨慎驾驶！

任务七　移库作业

【任务描述】

今天，小李同学接到一个移库任务，要求根据货物 A、B、C 分类情况表（表 3-12），对托盘货架区的货物进行优化管理，以提高出入库作业效率。小李同学在查看了货物的储位分配表（图 3-23）后，按照移库要求，编制了移库作业指令（表 3-13），决定将原存放于 B00103 的康师傅绿茶（产品批号：20200820，数量为 15 箱）移至同货架 B00000；再将原存放于 B00004 的百事可乐（产品批号：20200721，数量为 10 箱）移至同货架 B00103。

移库作业要求如下：

（1）A 类货物放置于货架的第一层（B00000～B00005），B 类货物放置于货架的第二层（B00100～B00105），C 类货物先放置于货架的第三层（B00200～B00205）；

（2）同层放置顺序为：相同货品按照批号信息，批号小的货物优先存放在货位号小的位置。

表 3-12　托盘货架区货物 A、B、C 分类情况表

序号	商品名称	种类	分类
1	康师傅绿茶	饮料	A 类
2	冰露矿泉水	饮料	B 类
3	农夫山泉	饮料	B 类
4	百事可乐	饮料	B 类
5	清风卷纸	日用品	B 类
6	怡宝矿泉水	饮料	C 类

			怡宝矿泉水 （21 箱） [20200505]		
B00200	B00201	B00202	B00203	B00204	B00205
冰露矿泉水 （10 箱） [20200807]	农夫山泉 （20 箱） [20200606]	农夫山泉 （20 箱） [20200608]	康师傅绿茶 （15 箱） [20200820]	百事可乐 （15 箱） [20200818]	清风卷纸 （12 箱） [20200918]
B00100	B00101	B00102	B00103	B00104	B00105
	康师傅绿茶 （15 箱） [20200831]			百事可乐 （10 箱） [20200721]	
B00000	B00001	B00002	B00003	B00004	B00005

图 3-23　托盘货架区货架 B 储位分配图

表 3-13　移库作业指令

指令	货品	数量／箱	批号	储位	新储位
移库 1	康师傅绿茶	15	20200820	B00103	B00000
移库 2	百事可乐	10	20200721	B00004	B00103

【任务目标】

1. 了解移库的定义和目的。
2. 熟悉移库的作业流程。
3. 掌握货物装卸的操作要求及技巧。
4. 具有一定的安全意识和良好的操作行为规范。

【任务准备】

场地准备

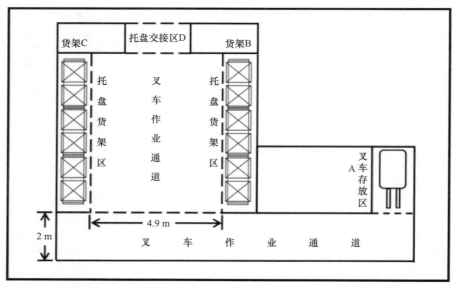

设备准备

电动叉车一台／组，安全帽一只／组，反光背心一件／组，手套一副／组，托盘若干，货架若干组，纸箱与边线杆若干。

【任务实施】

活动一：按移库 1 指令完成作业（表 3-14）。

移库作业

表 3-14　按移库 1 指令完成作业

步骤	步骤图片	步骤说明
1		**穿戴防具**：穿戴好个人防护装具

步骤	步骤图片	步骤说明
2		**起步流程**：完成起步流程，起步后，驾驶员要目视前方，看远顾近，注意两旁
3		**驶近定位**：从 A 区出发，按最优路线将车辆正向行驶至托盘货架区"B00103"储位
4		**下架货物**：按取货"八步法"将货物"康师傅绿茶（15箱，批号：20200820）"从储位"B00103"下架

步骤	步骤图片	步骤说明
5		**驶近定位**：根据移库作业指令1，按最优路线将车辆行驶至新储位"B00000"
6		**上架入位**：按卸货"八步法"将货物"康师傅绿茶（15箱，批号：20200820）"上架至储位"B00000"

活动二：按移库2指令完成作业（图3-15）。

表3-15　按移库2指令完成作业

步骤	步骤图片	步骤说明
1		**驶近定位**：根据移库作业指令2，按最优路线将车辆行驶至储位"B00004"

续表

步骤	步骤图片	步骤说明
2		**下架货物**：按取货"八步法"将货物"百事可乐（10箱，批号：20200721）"从储位"B00004"下架
3		**驶近定位**：根据移库作业指令2，车辆按最优路线行驶至新储位"B00103"
4		**上架入位**：按卸货"八步法"将货物"百事可乐（10箱，批号：20200721）"上架至储位"B00103"

续表

步骤	步骤图片	步骤说明
5		**返库停车：** 按最优路线将车辆倒行至叉车停放区 A 后，完成停车流程操作

技能充电：

什么是 ABC 分类法？什么是移库？进行移库作业时要注意哪些事项？

ABC 分类法又叫作 ABC 分析法，它是以某类库存物品品种数占总物品品种数的百分比和该类物品金额占库存物品总金额的百分比大小为标准，将库存物品分为 A、B、C 三类，进行分级管理。ABC 分类管理法简单易行，效果显著，在现代库存管理中已被广泛使用。

移库是库内作业的一种，是根据仓库内货物质量变化、库存因素、货物放置错误、储位变更等因素调整库存储位的一种手段。

移库作业时要注意储位的关联性，按移库的要求和指令合理安排作业顺序。

【任务评价】

评价任务		序号	评价项目	扣分分值	次数	扣分小计	总得分
岗位技能评价（70分）	基础技能	1	未检查车辆	5			
		2	未按规范上、下车	5			
		3	未按规范起步、停车	5			
		4	货叉提升高度达不到或超过 20 cm	5			
		5	叉车行驶中升降货叉	5			
		6	叉车起步时未打转向灯	5			
		7	碰边线杆或轮胎压线	5			
		8	倒车时未回头观察	10			

评价任务		序号	评价项目	扣分分值	次数	扣分小计	总得分
岗位技能评价（70分）	新学技能	9	货叉碰撞托盘或货物	5			
		10	货叉不满叉（＞5 cm）	10			
		11	未按取货"八步法"取货	10			
		12	未按卸载"八步法"卸货	10			
		13	托盘放置不整齐	5			
		14	移库储位错误	10			
		15	货物整箱掉落	5			
		16	货叉撞地（声响明显）	5			
		17	退叉倒车（1 m内）未及时调整货叉	5			
		18	因货叉不平拖拽托盘	10			
		19	托盘压线	5			
职业素养评价（30分）		20	防护装具穿戴或摆放不规范	5			
		21	停车轮胎未回正	5			
		22	解安全带时安全带与车体碰撞	5			
		23	不听从教师安排而自行操作	10			

注："扣分小计"不超过"评价任务"总分值。

【任务小结】

姓名		班级		日期	
授课教师			任务名称		

任务内容解读：

1．任务操作步骤。

2．注意事项。

任务操作反馈：

1．今天的操作内容你掌握了吗？（　　　）

A．完全掌握（100%）　　　　　　　B．基本掌握（80%）

C．勉强掌握（60%）　　　　　　　　D．没有掌握（60%以下）

2．本次任务哪个或哪几个步骤操作比较难，需要进一步练习？

续表

姓名		班级		日期	
授课教师			任务名称		

任务完成反思：

1．本次任务有什么收获？

2．本次任务有需要自我改进的地方吗？

【任务拓展】

任务描述：根据货物 A、B、C 分类情况表（表 3-16）及托盘货架区储位分配图（图 3-24、图 3-25），按移库作业要求将托盘货架区货架 B 和货架 C 的货物进行移库作业，完成移库作业指令（表 3-17）。

表 3-16 托盘货架区货物 A、B、C 分类情况表

序号	商品名称	种类	分类
1	康师傅绿茶	饮料	A 类
2	冰露矿泉水	饮料	B 类
3	农夫山泉	饮料	B 类
4	百事可乐	饮料	B 类
5	清风卷纸	日用品	B 类
6	白猫洗洁精	日用品	B 类
7	怡宝矿泉水	饮料	C 类

			怡宝矿泉水 （21 箱） [20200505]		
B00200	B00201	B00202	B00203	B00204	B00205
冰露矿泉水 （10 箱） [20200807]	农夫山泉 （20 箱） [20200606]	农夫山泉 （20 箱） [20200608]		百事可乐 （15 箱） [20200818]	清风卷纸 （12 箱） [20200918]
B00100	B00101	B00102	B00103	B00104	B00105
康师傅绿茶 （15 箱） [20200820]	康师傅绿茶 （15 箱） [20200831]				
B00000	B00001	B00002	B00003	B00004	B00005

图 3-24 托盘货架区货架 B 储位分配图

C00200	C00201	C00202	C00203	C00204	C00205
白猫洗洁精 （8箱） [20200728]			清风卷纸 （12箱） [20200930]		白猫洗洁精 （8箱） [20200810]
C00100	C00101	C00102	C00103	C00104	C00105
	百事可乐 （10箱） [20200721]				
C00000	C00001	C00002	C00003	C00004	C00005

图 3-25　托盘货架区货架 C 储位分配图

移库作业要求：

（1）货架 B 放置饮料，货架 C 放置日用品。A 类货物放置于货架的第一层（B00000～B00005；C00000～C00005），B 类货物放置于货架的第二层（B00100～B00105；C00100～C00105），C 类货物先放置于货架的第三层（B00200～B00205；C00200～C00205）；

（2）同层放置顺序为：相同货品按照批号信息，批号小的货物优先存放在货位号小的位置。

通过分析得出如下移库指令（表 3-17）。

表 3-17　移库作业指令表

指令	货品	数量/箱	批号	储位	新储位
移库 1	清风卷纸	12	20200918	B00105	C00102
移库 2	百事可乐	10	20200721	C00002	B00103

互动空间

师傅金句：安全责任重于泰山，初出茅庐当谨慎驾驶！

同学们好！我是×××，这节课我给大家讲一讲叉车的转弯与倒车。

叉车的作业过程通常会由直线行驶、转弯和倒车等活动组成。通道的直线行驶相对来说较为简单，下面来讲讲叉车的转弯以及倒车作业中需要注意的一些事项：

师傅金句

（1）转弯时应提前打开转向指示灯，减速鸣按喇叭靠右行驶，注意转向外轮外侧后方的行人或物品是否在危险区域内；

（2）转弯时必须严格控制车速，严禁急转弯；

（3）倒车前应先仔细观察四周和后方的情况，确认安全后按喇叭并缓慢倒车；

（4）倒车时方向盘的操作与前进时恰好相反，而且视线受到车体限制，感觉能力削弱，所以倒车时要更谨慎地操作。

叉车的转弯与倒车作业必须严格按照上述几点要求进行。安全责任重于泰山，初出茅庐当谨慎驾驶！

项目二
综合作业

综合作业项目是根据学习者系统学习了电动叉车的各项操作后所设计的，旨在提升学习者的综合应用能力。在该项目中学习者将学会带货绕桩、上下货架、过窄通道、码托盘等综合操作，以适应各类场景。

综合作业项目包括两个任务：

任务一　"工"字形综合作业

任务二　竞赛场景模拟综合作业

任务一　"工"字形综合作业

【任务描述】

小李同学驾驶叉车从车库一起步后，在2.2 m宽的通道内行驶到区一，叉取标准木质托盘（两层）后倒车至车库一，换挡后通过"工"字形场地中间通道，将托盘放置在区二，再将车倒回车库二。要求行驶过程中不压线碰杆，不偏离规定路线，不碰撞托盘与货物，入库停车时不得压线。

【任务目标】

1. 能熟练操作电动叉车取货卸货物。
2. 能掌握电动叉车带货作业的操作技巧。
3. 能掌握"工"字形线路的驾驶要求。
4. 树立规范的操作意识与安全素养。

【任务准备】

场地准备

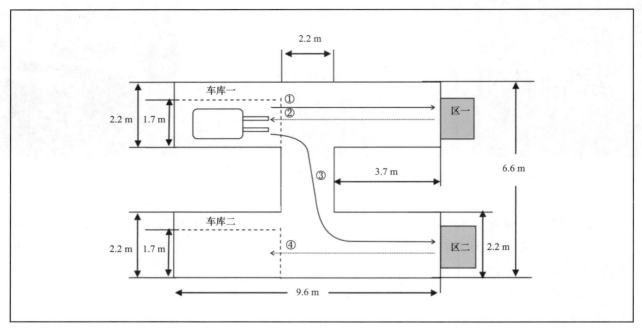

设备准备

电动叉车一台 / 组，安全帽一只 / 组，反光背心一件 / 组，手套一副 / 组，托盘两个，边线杆若干。

电动叉车"工"字形移库作业

【任务实施】

活动一：区一向区二移库作业（表 3-18）。

表 3-18　区一向区二移库作业

步骤	步骤图片	步骤说明
1		**穿戴防具**：穿戴好个人防护装具
2		**起步流程**：完成起步流程，起步后，驾驶员要目视前方，看远顾近，注意两旁

步骤	步骤图片	步骤说明
3		**驶近托盘**：修正方向，货叉对准托盘，离托盘1 m时，脚踩刹车减速停车
4		**叉取托盘**：车辆驶入区一，按规范要求叉取托盘
5		**退出货位**：拨倒车挡，松开手制动，轻踩油门，使带货托盘离开货位
6		**向右靠拢**：观察后方，向右轻轻转动方向盘，使叉车向右边线靠拢驶入车库一区域（向右转方向盘过转向标志杆后向左转方向盘，使车身与通道呈40°）
7		**直角转弯（右）**：打转向灯后快速向右转动方向盘（注意观察转向轮与转向标志杆的距离，其要保持15~20 cm）

续表

步骤	步骤图片	步骤说明
8		**回正方向**：确保转向轮顺利通过转向标志杆后，注意观察托盘左前角，在绕过中间标志杆后及时回正方向，使车身与通道呈45°
9		**直角转弯（左）**：打转向灯后快速向左转动方向盘（注意观察转向轮与转向标志杆的距离，其要保持15～20 cm）
10		**回正方向**：确保转向轮顺利绕过转向标志杆后，注意观察前方，当叉车进入通道并与通道呈45°时，拨回转向灯慢慢回正方向，使其行驶在通道中间
11		**卸下托盘**：车辆驶入区二，按规范要求卸下托盘
12		**退出货位**：拨倒车挡，松开手制动，轻踩油门，使货叉离开货位

步骤	步骤图片	步骤说明
13		**驶离货位**：观察后方，慢踩油门，倒车驶回车库二
14		**停车流程**：到车库二后完成停车流程操作

活动二：区二向区一移库作业。

操作步骤同活动一。

【任务评价】

评价任务		序号	评价项目	扣分分值	次数	扣分小计	总得分
岗位技能评价（70分）	基础技能	1	未检查车辆	5			
		2	起步或停车流程错误	5			
		3	起步或停车流程顺序颠倒	5			
		4	货叉提升高度达不到或超出 20 cm	5			
		5	碰到边线杆或轮胎压线	5			
		6	碰倒边线杆或轮胎出线	10			
		7	货叉碰撞托盘或货物	5			
		8	货叉不满叉（＞5 cm）	5			
		9	有货物调整货叉时不拉手制动	5			
		10	调整货叉时顺序颠倒	5			
		11	货叉撞地（声响明显）	5			

续表

评价任务		序号	评价项目	扣分分值	次数	扣分小计	总得分
岗位技能评价（70分）	基础技能	12	退叉倒车时未松手制动	5			
		13	退叉倒车（1 m内）未及时调整货叉	5			
		14	因货叉不平拖拽托盘	10			
		15	托盘压线	5			
	新学技能	16	转向时未打转向灯	10			
职业素养评价（30分）		17	防护工具穿戴或摆放不规范	5			
		18	停车轮胎未回正	5			
		19	解安全带时安全带与车体碰撞	5			
		20	不听从教师安排而自行操作	10			

注："扣分小计"不超过"评价任务"总分值。

【任务小结】

姓名		班级		日期	
授课教师			任务名称		

任务内容解读：

1. 任务操作步骤。

2. 注意事项。

任务操作反馈：

1. 今天的操作内容你掌握了吗？（　　　）

A. 完全掌握（100%）　　　　　　　B. 基本掌握（80%）

C. 勉强掌握（60%）　　　　　　　　D. 没有掌握（60%以下）

2. 本次任务哪个或哪几个步骤操作比较难，需要进一步练习？

任务完成反思：

1. 本次任务有什么收获？

2. 本次任务有需要自我改进的地方吗？

【任务拓展】

任务描述：驾驶叉车从车库一起步后，在 2.2 m 宽的通道内行驶到区一，叉取标准木质托盘（两层）后倒车通过"工"字形场地中间通道，进入车库二区域，换挡后将托盘放置在区二，再将车倒回车库二，行驶路线如图 3-26 所示。要求行驶过程中不压线碰杆，不偏离规定路线，不碰撞托盘与货物，入库停车时不得压线。

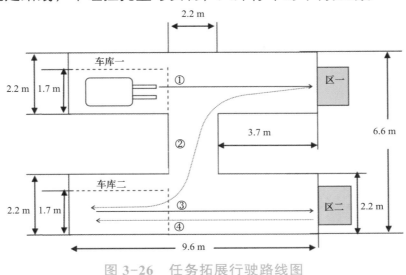

图 3-26　任务拓展行驶路线图

任务二　竞赛场景模拟综合作业

【任务描述】

小李同学已经完成了全部叉车驾驶技巧的学习，并经过层层选拔成为学校叉车队的后备选手。下一个阶段小李将代表学校参加区内选拔赛。那么，小李将进行训练的竞赛场景模拟综合作业是如何完成的？这其中又有何技巧呢？让我们和小李一同开始训练吧。

【任务目标】

1．能熟练进行综合托盘码垛操作。
2．能熟练进行带货绕桩操作。
3．能熟练进行货品上架和货品移库作业。

【任务准备】

场地准备
场地示意图如图 3-27 所示。

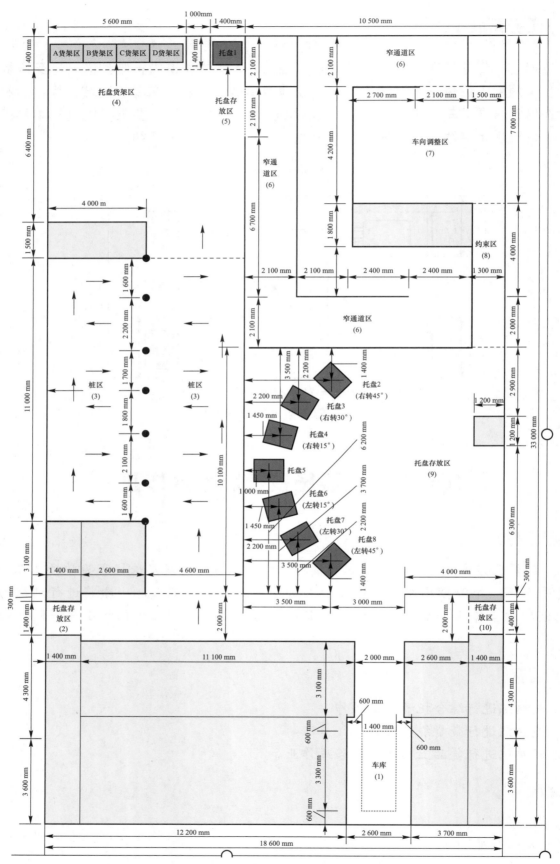

图 3-27 场地示意图

设施设备准备

（1）电动叉车 1 台（龙工 16B 电动叉车）。

（2）木质托盘 12 只（1 200 mm×1 000 mm）。

（3）纸箱 35 只（285 mm×380 mm×260 mm）。

（4）钢管若干（外径 50 mm，厚度 3.5 mm，高 133 mm）。

（5）绕桩大杆若干。

（6）绕桩边杆若干。

比赛规则准备

（1）学生准备就绪后，举手向教师报告"车辆检查完毕，请求开始比赛"，裁判鸣哨、举旗示意后开始比赛，教师开始计时。

（2）按要求上车、鸣笛、起步，将叉车从车库 <1> 驶出，沿通道驶向托盘存放区 <2>；将托盘货品叉起，沿路线进入绕桩区 <3>。

（3）按规定的路线正向通过绕桩区 <3> 的 6 个柱后进入托盘货架区 <4>，将托盘放到货位。

（4）将货位 D3 的托盘取下，移至货位 B2 上。

（5）从托盘存货区 <5> 叉取托盘 1 后（托盘四角上分别放置一个钢管），载货通过窄通道区，正向通过窄通道进入车向调整区 <6>，在车向调整区 <6> 调整车向后，倒车通过约束区 <8>，将托盘放置托盘存放区 <10>。

（6）回到托盘存放区 <9>，将托盘 2 至托盘 8（托盘 2 至托盘 8 的四角上分别放置一个钢管）按顺序转移放置到托盘存放区 <10> 的托盘上，在限定时间内放置的数量越多，得分越高。

（7）在规定时间内完成全部操作后，调整方向倒回到车库 <1>。叉车停稳下车后，举手报告操作完毕。裁判鸣哨计时终止，操作结束。

【任务实施】

活动一：车库 <1> 处——准备环节（表 3-19）。

表 3-19　车库 <1> 处——准备环节

步骤	步骤图片	步骤说明
1		车辆情况检查

续表

步骤	步骤图片	步骤说明
2		按照上车步骤上车
3		系好安全带
4		鸣笛驶出车库

活动二：由车库 <1> 行驶至托盘存放区 <2>（表 3-20）。

表 3-20　由车库 <1> 行驶至托盘存放区 <2>

步骤	步骤图片	步骤说明
1		左转，直角转弯，开左转车灯

步骤	步骤图片	步骤说明
2		行进至存盘存放区 <2> 前
3		推平并降低货叉，准备好叉取托盘
4		叉取带有整托货品的托盘
5		倒车，调整车体前进角度，准备进入绕桩区 <3>

活动三：带货绕桩区 <3> 操作（表 3-21）。

表 3-21　带货绕桩区 <3> 操作

步骤	步骤图片	步骤说明
1		调整角度并带货进入绕杆区 <3>，依次完成杆距 1 600 mm、2 100 mm、1 800 mm、1 700 mm、2 200 mm、1 600 mm 的带货绕杆

续表

步骤	步骤图片	步骤说明
2		绕杆①间距 1 600 mm
3		绕杆②间距 2 100 mm
4		绕杆③间距 1 800 mm
5		绕杆④间距 1 700 mm
6		绕杆⑤间距 2 200 mm
7		边界间距 1 600 mm

活动四：托盘货架区 <4> 操作（表 3-22）。

表 3-22　托盘货架 <4> 操作

步骤	步骤图片	步骤说明
1		将托盘存放区 <1> 叉取的整托货品放至 A 货架区
2		车身正对 A 货架区
3		推平货叉，抬升至 A 货架区 2 层
4		将托盘正放在规定区域
5		注意放置托盘的边缘贴近货架左侧，为右侧 B 货架区放货预留空间，同时托盘近车端预留足够空间便于下次取托盘

续表

步骤	步骤图片	步骤说明
6		倒车驶离 A 货架区，提前规划至 C 货架区的行车路线
7		行驶至 D 货架区前，准备取货
8		抬升货叉从 D 货架区取货
9		从 D 货架区取下整托货品，行进至 B 货架区前，准备上架作业
10		完成货品在 B 货架区 2 层的上架作业

步骤	步骤图片	步骤说明
11		放货时注意 A、B 两区的托盘不要碰撞在一起，保持间隔
12		行进至托盘存放区 <5>，并在该区域取托盘 1（四角各放有一只钢管）

活动五：窄通道区 <6> 带托盘行车（表 3-23）。

表 3-23　窄通道区 <6> 带托盘行车

步骤	步骤图片	步骤说明
1		从托盘存放区 <5> 取托盘时，货叉尽量插满托盘，让缝隙小之又小
2		倒车至窄通道区 <6> 虚线处

续表

步骤	步骤图片	步骤说明
3		原地掉转车头，驶入窄通道区 <6>
4		叉车完成第 1 次定点 90°转向，并继续行进
5		叉车完成第 2 次定点 180°转向，并继续行进
6		叉车完成第 3 次定点 90°转向，并继续行进
7		叉车完成第 4 次定点 90°转向后准备驶出窄通道区

步骤	步骤图片	步骤说明
8		完成最后一次 90° 转向，驶离窄通道区，进入车向调整区 <7>。中途钢管如有掉落，拉手刹，解开安全带，在确保安全的前提下，下车捡起钢管，并继续完成操作

活动六：车向调整区 <7> 经由约束区 <8> 进入托盘存放区 <9> 的操作（表 3-24）。

表 3-24　车向调整区 <7> 经由约束区 <8> 进入托盘存放区 <9> 的操作

步骤	步骤图片	步骤说明
1		行车进入车辆调整区 <7>，注意掉转车向预留的角度
2		测算进入约束区 <8> 的角度，开始进行倒车
3		倒车，后轮越过虚线，进入约束区 <8>
4		在约束区 <8> 倒车，倒车时由偏右侧逐渐向左侧偏移

步骤	步骤图片	步骤说明
5		驶离约束区 <8>，进入托盘存放区 <9>，行驶中注意防止车身碰到后端障碍杆

活动七：将托盘存放区 <9> 堆放的托盘堆叠至托盘存放区 <10>（表 3-25）。

表 3-25　将托盘存放区 <9> 堆放的托盘堆叠至托盘存放区 <10>

步骤	步骤图片	步骤说明
1		倒车越过整个托盘存放区 <9>，不断调整车向，将从托盘存放区 <5> 取出的托盘 1 安放在托盘存放区 <10>

步骤	步骤图片	步骤说明
2		安放托盘后，抽出货叉，调整叉高，防止拖地，倒车退回托盘存放区 <9>
3		依次从托盘存放区 <9> 中取托盘 2 至托盘 8 堆叠在托盘存放区 <10> 中的托盘 1 之上，共 8 层
4		倒车回托盘存放区 <9> 按标准步骤取托盘 2
5		带托盘 2 行进至托盘存放区 <10>，并将托盘 2 堆叠在底层托盘 1 之上
6		倒车回托盘存放区 <9> 按标准步骤取托盘 3

续表

步骤	步骤图片	步骤说明
7		带托盘 3 行进至托盘存放区 <10> 并将托盘 3 堆叠在托盘 2 之上
8		以此类推，直至托盘存放区 <9> 内的七只托盘全部依次被堆放在托盘存放区 <10> 中，共 8 层，整齐排列。前后左右均保持齐平

活动八：从托盘存放区 <10> 倒车入库 <1>，完成比赛（表 3-26）。

表 3-26　从托盘存放区 <10> 倒车入库 <1>

步骤	步骤图片	步骤说明
1		90° 转弯（注意右后轮不要碰到杆子）
2		倒车返回车库

步骤	步骤图片	步骤说明
3		按照停车步骤完成停车作业
4		下车并正式完成比赛

【任务评价】

评价任务	序号	评价项目	扣分分值	次数	扣分小计	总分
岗位技能评价（100分）	1	未规范上车	1			
	2	未规范起步	1			
	3	未规范停车、下车	1			
	4	货叉离地距离不合格	1			
	5	紧急制动不规范	5			
	6	叉车撞到边杆线	3			
	7	叉车与其他设备发生剐蹭	5			
	8	未规范叉取货物	8			
	9	未规范卸载货物	8			
	10	轮胎离地	10			
	11	起步前未规范巡检	1			
	12	起步前未报告	1			
	13	叉车未停在指定区域内	1			
	14	入库停车后未报告	1			
	15	叉取货物不规范	5			
	16	货物掉落	8			

续表

评价任务	序号	评价项目	扣分分值	次数	扣分小计	总分
岗位技能评价（100分）	17	叉车碰桩（没倒下）	3			
	18	叉车碰桩（倒下）	5			
	19	倒桩后未停车处理	5			
	20	托盘未按要求入货位	4			
	21	出入货位调整次数超过要求	1			
	22	入库货位不准确	3			
	23	移库货位不准确	3			
	24	钢管掉落	5			
	25	已堆码托盘钢管掉落	5			
	26	货叉直接从还没码垛的托盘上越过	5			

注："扣分小计"总和不超过"评价任务"总分值。

【任务小结】

姓名		班级		日期	
授课教师			任务名称		

任务内容解读：

1. 任务操作步骤

2. 注意事项

任务操作反馈：

1. 今天的操作内容你掌握了吗？（　　　）

A. 完全掌握（100%）　　　　　　　　B. 基本掌握（80%）

C. 勉强掌握（60%）　　　　　　　　D. 没有掌握（60%以下）

2. 本次任务哪个或哪几个步骤操作比较难，需要进一步练习？

任务完成反思：

1. 本次任务有什么收获？

2. 本次任务有需要自我改进的地方吗？

模块四　叉车管理

叉车日常管理

叉车日常管理项目是基于保障电动叉车能正常作业所设计的，在该项目中学习者将通过对电动叉车进行日常检查、基础维护和补水充电等操作，学会电动叉车的日常检查与维护。

叉车日常管理项目包括两个任务：

任务一　日常检查作业

任务二　日常维护作业

任务一　日常检查作业

【任务描述】

小李同学的叉车驾驶技术已非常熟练，成为叉车操作的高手，并代表学校取得了一系列省市比赛的荣誉。但小李赛训使用的叉车却得不到良好的检查，经常出现问题，频频出故障，给训练带来了很多麻烦。根据师傅的建议，小李要让自己的爱车有更好的技术状况和更长的使用寿命，于是他为叉车进行了一次全面的"体检"。

【任务目标】

1. 明确检查叉车的目的。
2. 熟悉叉车日常检查的内容。
3. 会对叉车进行日常检查。

【任务准备】

1. 日常检查叉车的目的

（1）保持车体干净整洁、美观大方，便于识别车辆关键信息。

（2）保证车辆可以随时投入使用，提高作业效率。

（3）保证驾驶员行车安全，防止意外和事故的发生。

（4）延长整车寿命，减少大修次数，节约企业经营成本。

2．日常检查叉车的主要内容

（1）制动系统检查：对制动踏板进行检查，对手制动进行检查。

（2）方向盘（转向器）检查：方向盘操作灵活性检查，联动轴润滑剂的添加检查。

（3）门架和货叉检查：门架添加润滑油检查，门架上升和下降的灵活性检查，油管是否存在漏油现象的检查，链条是否损坏的检查，货叉是否锈蚀的检查。

（4）轮胎检查：轮胎磨损情况检查，轮胎充气情况检查，轮毂螺母的检查。

（5）电池（电机）检查：电量显示检查，电解液密度检查，插头连接情况检查。

（6）照明检查：大灯检查，倒车灯检查（倒车声检查），尾灯检查，左、右转向灯检查。

（7）喇叭检查：音量检查，与方向盘的连接情况检查。

（8）其他检查：车身整体检查，车顶架（雨棚）检查。

【任务实施】

活动一：对叉车照明系统进行检查（表 4-1）。

表 4-1　对叉车照明系统进行检查

步骤	步骤图片	步骤说明
1		对大灯进行检查（检查亮度）
2		对转向灯进行检查（检查闪烁频率和亮度）
3		对倒车灯进行检查（检查联动倒车"哔哔"声）

活动二：对叉车轮胎进行检查（表 4-2）。

表 4-2　对叉车轮胎进行检查

步骤	步骤图片	步骤说明
1		检查轮胎充气情况（使用胎压表检查胎压，2 t 的叉车前轮胎压约为 700 kPa，后轮约为 900 kPa）
2		轮毂螺母检查 （主要检查有无松动和脱落）

活动三：对叉车电池的检查（表 4-3）。

表 4-3　对叉车电池进行检查

步骤	步骤图片	步骤说明
1		电量显示检查
2		电解液密度检查

步骤	步骤图片	步骤说明
3		插头连接情况检查

活动四：对叉车转向器进行检查（表4-4）。

表4-4　对叉车转向器进行检查

步骤	步骤图片	步骤说明
1		方向盘清洁度检查
2		方向盘操作灵活性检查

活动五：对叉车门架和货叉进行检查（表4-5）。

表4-5　对叉车门架和货叉进行检查

步骤	步骤图片	步骤说明
1		门架清洁度及添加润滑油检查

续表

步骤	步骤图片	步骤说明
2		门架上升和下降的灵活性检查
3		油管是否存在漏油现象的检查
4		链条是否损坏的检查
5		货叉是否锈蚀的检查

活动六：对叉车制动系统进行检查（表 4-6）。

表 4-6 对叉车制动系统进行检查

步骤	步骤图片	步骤说明
1		制动踏板检查
2		手制动检查

【任务评价】

评价任务	序号	评价项目	分值	得分	总得分
岗位技能评价（70分）	1	会对制动系统进行检查	10		
	2	会对方向盘（转向器）进行检查	10		
	3	会对门架和货叉进行检查	10		
	4	会对轮胎进行检查	10		
	5	会对电池进行检查	10		
	6	会对照明设备进行检查	10		
	7	会对喇叭进行检查	10		
职业素养评价（30分）	8	认真听讲	10		
	9	及时进行总结与提炼	10		
	10	听从教师安排操作	10		

![] 【任务小结】

姓名		班级		日期	
授课教师			任务名称		

任务内容解读：

1．任务操作步骤。

2．注意事项。

任务操作反馈：

1．今天的操作内容你掌握了吗？（　　　）

A．完全掌握（100%）　　　　　　　　B．基本掌握（80%）

C．勉强掌握（60%）　　　　　　　　　D．没有掌握（60%以下）

2．本次任务哪个或哪几个步骤操作比较难，需要进一步练习？

任务完成反思：

1．本次任务有什么收获？

2．本次任务有需要自我改进的地方吗？

![] 【任务拓展】

　　我们主要从哪些方面为叉车进行"体检"？"体检"不合格项目主要是由哪些操作造成的？请系统进行思考和整理。

任务二　日常维护作业

【任务描述】

　　小李同学在对电动叉车进行日常检查时发现了许多问题，但不知如何处理，更不了解规范保养叉车的步骤和方法。小李的师傅管理叉车的经验十分丰富，对叉车的日常维护作业驾轻就熟，准备对小李同学倾囊相授，让我们一起来学习叉车日常维护作业吧。

【任务目标】

　　1．知晓电动叉车维护的基本要求和级别。

　　2．会对电动叉车车体进行清洁维护，并对电动叉车零件进行润滑维护。

　　3．能为电动叉车加水、充电。

【任务准备】

1. 电动叉车维护的基本要求

（1）严格遵守维护与保养的基本操作规程。

（2）准确使用相关工具和设备。

（3）按时做好维护与保养的记录。

（4）按规范步骤做好车体清洁、零件润滑以及加水、充电等作业。

2. 电动叉车维护的级别

（1）日常维护：日常作业后的例行维护，主要是针对车体清洁以及车辆零件的基本检查。

（2）定期维护：叉车在使用一段时间之后的维护。一般一个月进行一次一级维护，半年进行一次二级维护。定期维护主要是针对电气系统、驱动转向系统、制动安全系统以及液压传动系统的深度维护。

（3）磨合维护：是在新车和大修后规定期间的维护。针对新车的实际情况，有的放矢地对车辆润滑、零件紧固、轴承转向进行系统全面的调节。

3. 日常电动叉车维护的主要任务

（1）对电动叉车车体进行清洁维护：主要包括清理门架灰尘、清洁货叉灰尘、清除车身的油垢或污渍以及清扫内嵌积灰等基本内容。

（2）对电动叉车零件进行润滑维护：主要包括门架的涂油润滑、链条的涂油润滑、液压缸的润滑等。

（3）为电动叉车加水：按步骤依次操作。

（4）为电动叉车充电：按步骤依次操作。

【任务实施】

活动一：对叉车车体进行清洁维护（表4-7）。

表4-7　对叉车车体进行清洁维护

步骤	步骤图片	步骤说明
1		清理门架灰尘

步骤	步骤图片	步骤说明
2		清洁货叉灰尘
3		清除车身的油垢或污渍

活动二：对电动叉车零件进行润滑维护（表 4-8）。

表 4-8　对电动叉车零件进行润滑维护

步骤	步骤图片	步骤说明
1		门架的涂油润滑
2		链条的涂油润滑

步骤	步骤图片	步骤说明
3		液压缸的润滑（起升液压缸）
4		液压缸的润滑（倾斜液压缸）
5		液压缸的润滑（转向液压缸）

活动三：为电动叉车加水（表4-9）。

表4-9　为电动叉车加水

步骤	步骤图片	步骤说明
1		打开安全销翻起驾驶台
2		扳开水箱盖帽

步骤	步骤图片	步骤说明
3		加入专用蒸馏水
4		用虹吸管取出多余的蒸馏水
5		翻下驾驶台、锁牢安全销，完成加水作业

活动四：为电动叉车充电（表4-10）。

表4-10　为电动叉车充电

步骤	步骤图片	步骤说明
1		检查充电机状态
2		拔出叉车供电电源，切断车体供电

步骤	步骤图片	步骤说明
3		利用支撑杆支撑车体防止意外
4		检查加水情况
5		检查电池表面覆盖灰尘情况（如有灰尘用干抹布擦拭）
6		叉车电池插头连接充电器插口
7		为充电器通电

续表

步骤	步骤图片	步骤说明
8		根据充电器提示检查是否已经给叉车进行充电
9		充电完毕后先切断充电机电源，再拔出与叉车连接的插头
10		接通叉车电源
11		断开支撑杆，翻下驾驶台，关闭保险销
12		重新启动电源，检查充电情况

【任务评价】

评价任务	序号	评价项目	分值	得分	总得分
岗位技能评价（70分）	1	能复述电动叉车维护的基本要求	5		
	2	能复述电动叉车维护的级别	5		
	3	会对电动叉车车体进行清洁维护	10		
	4	会对电动叉车零件进行润滑维护	10		
	5	能为电动叉车加水	20		
	6	能为电动叉车充电	20		
职业素养评价（30分）	7	认真听讲	10		
	8	及时进行总结与提炼	10		
	9	听从教师安排后进行操作	10		

【任务小结】

姓名		班级		日期	
授课教师			任务名称		

任务内容解读：

1. 任务操作步骤。

2. 注意事项。

任务操作反馈：

1. 今天的操作内容你掌握了吗？（　　　）

A．完全掌握（100%）　　　　　　　　B．基本掌握（80%）

C．勉强掌握（60%）　　　　　　　　 D．没有掌握（60%以下）

2. 本次任务哪个或哪几个步骤操作比较难，需要进一步练习？

任务完成反思：

1. 本次任务有什么收获？

2. 本次任务有需要自我改进的地方吗？

【任务拓展】

进一步了解电动叉车一级维护和二级维护的内容。进一步了解蓄电池日常维护的基本要求。

特殊情况处理

在电动叉车的日常作业中会发生各种车辆故障或事故，特殊情况处理项目便是基于作业时可能发生的各类情况所设计的。在该项目中学习者将通过了解电动叉车常见的故障原因和突发事故的主要原因，学会常见故障的排除方法以及安全事故的常规处理方法。

特殊情况处理项目包括两个任务：

任务一　常见故障应对

任务二　突发事故处理

任务一　常见故障应对

【任务描述】

在工业现代化的今天，叉车是物料搬运的主要设备之一，在驾驶操作过程中可能会出现一些故障，作为驾驶人员很有必要学习一些常见故障的排除方法。小李同学在驾驶叉车时，发现电动叉车制动不灵敏，他要怎么做？

【任务目标】

1. 了解电动叉车常见的故障。
2. 知道电动叉车故障的原因。
3. 掌握电动叉车常见故障的排除方法。

【任务准备】

场地准备

物流实训室。

设备准备

电动叉车一台 / 组。

知识准备

一、喇叭故障原因与排除方法

电动叉车的喇叭故障原因与排除方法如表 4-11 所示。

表 4-11　喇叭故障原因与排除方法

故障现象	故障原因	排除方法
有时响有时不响	喇叭开关内部的触点接触不良	维修
声音沙哑	方向盘周围的各个触点磨损	维修
完全不响	熔丝熔断；喇叭电源线断了；喇叭线圈烧坏	更换

二、灯光故障原因与排除方法

电动叉车的灯光故障原因与排除方法如表 4-12 所示。

表 4-12　灯光故障原因与排除方法

故障现象	故障原因	排除方法
不亮	灯泡损坏	更换
	连接线路老化	更换
	无电源	维修
	控制器故障	更换

三、门架故障原因与排除方法

电动叉车的门架故障原因与排除方法如表 4-13 所示。

表 4-13　门架故障原因与排除方法

故障现象	故障原因	排除方法
门架自行前倾	倾斜液压系统有泄漏	维修
	换向阀阀杆与阀体间磨损严重	更换
	换向阀滑阀弹簧失效	更换

四、货叉起升后自动下滑故障原因与排除方法

电动叉车的货叉起升后自动下滑故障原因与排除方法如表 4-14 所示。

表 4-14　门架起升后自动下滑故障原因与排除方法

故障现象	故障原因	排除方法
货叉起升后自动下滑	起升液压系统有泄漏	维修
	换向阀阀杆与阀体间磨损严重	更换
	换向阀滑阀弹簧失效	更换

五、传动轴故障原因与排除方法

电动叉车的传动轴故障原因与排除方法如表 4-15 所示。

表 4-15　传动轴故障原因与排除方法

故障现象	故障原因	排除方法
万向节发出响声	万向节过度磨损	更换
	传动轴弯曲	校正或更换
	润滑油缺少	按规定加注
	凸缘连接螺栓松动	拧紧螺栓

六、后桥故障原因与排除方法

电动叉车的后桥故障原因与排除方法如表 4-16 所示。

表 4-16　后桥故障原因与排除方法

故障现象	故障原因	排除方法
制动鼓内有油	油封不好	更换油封
	刹车分泵漏油	更换皮碗及密封圈
桥体内响声不正常	圆锥齿轮过度磨损	更换齿轮
	圆锥齿轮啮合间隙过大	重新调整
	差速器十字轴过度磨损	更换十字轴
	轴承过度磨损或松动	更换或调整

七、转向系故障原因与排除方法

电动叉车的转向系故障原因与排除方法如表 4-17 所示。

表 4-17　转向系故障原因与排除方法

故障现象	故障原因	排除方法
车轮松动	转向节主轴轴承损坏	更换轴承
	轮壳轴承松动	调整松紧度
	横直拉杆或助力器接头过度磨损	调整或更换转向球销
转向沉重或转不动	转向器摇臂轴齿轮与螺母齿条间隙过小	调整
	横直拉杆或助力器接头处润滑脂过少	加注润滑脂或更换转向球销
	转向器齿轮过少或过稀	加注齿轮油
	转向轮定位角不对	校正
	转向桥体变形	校正

续表

故障现象	故障原因	排除方法
转向沉重 或转不动	转向助力器控制阀、安全阀压力太低	调整
	转向助力器润滑阀压紧弹簧失灵	更换
	转向助力器活塞与缸筒过度磨损	更换活塞环
	助力器油泵齿轮与泵体、轴与轴承磨损损坏，油量不足	修理
	管接头漏油	更换密封圈或接头
转向浮动	横直拉杆或助力器接头过度磨损	调整或更换转向球销
	转向器摇臂轴齿轮与螺母齿条间隙过大	调整
	转向助力器、流量阀失灵，流量过大	调整

八、制动系故障原因与排除方法

电动叉车的制动系故障原因与排除方法如表 4-18 所示。

表 4-18　制动系故障原因与排除方法

故障现象	故障原因	排除方法
制动踏板性能不好	制动鼓与制动蹄间隙过大	调整间隙
	制动皮碗发胀卡住	更换皮碗
	制动管内有空气或漏油	放气或检修
	制动摩擦片过度磨损	更换摩擦片
	制动踏板自由行程过大	调整自由行程
四轮不能同时制动	各轮制动鼓与蹄片间隙不一	调整间隙
	制动管路堵死	检查及疏通
	分泵皮碗发胀卡住	更换皮碗
	轮胎气压不符合要求	按标准打气
	制动鼓内有油污	清除油污
	制动蹄弯曲变形	修理或更换
制动鼓发热	制动鼓与制动蹄间隙过小	调整间隙
	制动蹄回位弹簧太弱	更换弹簧
制动踏板失灵	制动软管破裂	更换
	制动总泵进出阀失灵	检修
	制动管路严重漏油	维修
手制动失灵	制动带或制动轮间的间隙过大或偏移	调整、校正
	制动带过度磨损	更换

九、轮胎故障原因与排除方法

电动叉车的轮胎故障原因与排除方法如表 4-19 所示。

表 4-19　轮胎故障原因与排除方法

故障现象	故障原因	排除方法
轮胎过度磨损	前轮前束不对	调整
	轮胎气压过低	按标准打气或检修
	轮毂轴承过松	调整
	装载过重或偏移	尽量使装载均匀
	紧急制动使用过多	不使用紧急制动
轮胎漏气	可能被尖锐物扎破	检修

十、液压系故障原因与排除方法

电动叉车的液压系故障原因与排除方法如表 4-20 所示。

表 4-20　液压系数故障原因与排除方法

故障现象	故障原因	排除方法
升降缸起升无力或力度不够	网式滤油器堵塞	清洗干净
	油箱里液压油不够	使液压油回到油标指定的油位
	油泵损坏	修理或更换
	多路换向阀的安全阀过早打开	调整安全阀的调整螺钉（顺时针压力升高，逆时针压力降低）
	油泵的吸油管道密封不严，有空气进入	检查漏气处，更换密封
倾斜缸、横缸和千斤顶无力或力度不够	除了升降无力的原因外，还有以下原因：一是孔用 Y 形密封圈损坏；二是活塞杆与活塞的 O 形密封圈损坏	更换密封圈
转向助力器失灵或力度不足	网式滤油器堵塞	清洗干净
	油箱里液压油不够	
	油泵损坏	
转向助力器失灵或力度不足	多路换向阀的安全阀过早打开	调整安全阀的调整螺钉（顺时针压力升高，逆时针压力降低）
	油泵的吸油管道密封不严，有空气进入	检修，更换密封
	流量控制阀流量不足	调节流量控制阀手轮（顺时针流量变大，逆时针流量变小）
	杂物插入滑阀和阀体间的间隙，使滑阀滑动困难	清除杂物并更换脏的液压油
	装在活塞上的 O 形密封圈损坏	更换 O 形密封圈

续表

故障现象	故障原因	排除方法
转向助力器单边自转	复位弹簧变形、弹力不足或折断	更换复位弹簧
各种油缸漏油	O 形密封圈或轴用 Y 形密封圈损坏	更换密封圈
各种规格的管接头漏油	O 形密封圈漏油	更换
	管接头没有拧紧	拧紧
	接管与接头连接不正	调整连接
升降缸下滑严重	阀杆与阀孔磨损严重	修复阀孔，更换阀杆
齿轮油泵发出噪声	吸油管或过滤器堵塞	清除堵塞物
	从吸油管吸入空气	排除空气
	油液黏度过高	更换合格液压油
	轴承磨损烧伤	更换轴承
	侧板磨损	更换
分配器安全阀失灵	溢流小孔堵塞	清除堵塞物
	调压弹簧折断或太弱	更换弹簧
油泵传动箱内有不正常的声响	缺少齿轮油	加齿轮油
	齿轮齿面磨损，有裂纹和剥蚀	更换齿轮
	轴承过度磨损	更换轴承

【任务实施】

步骤一：两人一组，全班随机分组。

步骤二：一名学生负责说故障，另一名学生说出故障原因。

步骤三：两名学生互换操作后再尝试。

步骤四：学生自评、互评。

步骤五：教师点评。

【任务评价】

小组名称		成员名单				
学习效果考评（每个 30 分）	1．能说出具体故障原因					
	2．能说出相应故障排除方法					
态度素养考评（共计 40 分）	考评项目	分值	组内评价	他组评价	教师评价	实际评分
	不迟到、不早退，积极参与教学	20				
	掌握本任务教学重点，并能进行知识拓展	20				

【任务小结】

姓名		班级		日期	
授课教师			任务名称		
任务内容解读： 1. 电动叉车常见故障分析。 2. 常见故障排除方法。					
任务操作反馈： 1. 今天的操作内容你掌握了吗？（　　　） A. 完全掌握（100%）　　　　　　　B. 基本掌握（80%） C. 勉强掌握（60%）　　　　　　　　D. 没有掌握（60%以下） 2. 本次任务哪个或哪几个步骤操作比较难，需要进一步练习？					
任务完成反思： 1. 本次任务有什么收获？ 2. 本次任务有需要自我改进的地方吗？					

【任务拓展】

任务描述：电动叉车发生故障时，如果确认不是接线错误或车辆机械故障，可以尝试通过车辆钥匙开关重新启动，如果故障仍然存在，则关闭钥匙开关，检查35针的接插件是否连接正确或有污损，修复并清洁后，重新连接，再启动尝试。也可以使用控制器编程器测试故障表现，表4-21为三菱电动叉车 Curtis 柯蒂斯控制器部分故障代码表，仅供参考。

表4-21　三菱电动叉车 Curtis 柯蒂斯控制器部分故障代码表

NO.	编程器显示内容 （故障表现）	代码	可能的故障原因	深层故障原因 / 解决方法
1	控制器电流过载 电机停止工作 主连接器断开 电磁刹车断开 加速器失效 刹车 泵停止工作	12	1. 电机外部 U、V 或 W 连续短路 2. 电机参数不匹配 3. 控制器故障	原因：相位电流超过了限定电流 解决：重启钥匙开关

续表

NO.	编程器显示内容 （故障表现）	代码	可能的故障原因	深层故障原因/解决方法
2	电流传感器故障 电机停止工作 主连接器断开 电磁刹车断开 加速器失效 刹车、泵停止工作	13	1. 电机 U、V、W 通过定子对车体短路，导致漏电 2. 控制器故障	原因：控制器电流传感器读数偏差 解决：重启钥匙开关
3	预充电失败 电机停止工作 主连接器断开 电磁刹车断开 加速器失效 刹车 泵停止工作	14	1. 电容器正端外接负载，使得电容器不能正常充电	原因：钥匙开关输入电压对电容器充电失败 解决：通过 VCL 函数 precharge（ ）重新设置或者互锁开关重新输入
4	控制器温度过低 电机停止工作 主连接器断开 电磁刹车断开 加速器失效 刹车 泵停止工作	15	1. 控制器工作环境过于严酷	原因：散热器温度低于 -40 ℃ 解决：温度升至 -40 ℃以上。重新启动钥匙开关或互锁开关
5	控制器温度过高 电机停止工作 主连接器断开 电磁刹车断开 加速器失效 刹车、泵停止工作	16	1. 控制器工作环境过于严酷 2. 车辆超载 3. 控制器安装错误	原因：散热器温度高于 95 ℃ 解决：降低温度至 95 ℃以下。重新启动钥匙开关或互锁开关
6	电压过低 驱动扭矩降低	17	1. 电池参数设置错误 2. 非控制器系统耗电 3. 电池阻抗过大 4. 电池连接断开 5. 熔断器断开或主接触器未连接	原因：MOSFEET 桥工作时电容电压低于最低限压设置 解决：将电容端电压升高到高于最低电压限制值
7	电压过高 电机停止工作 主连接器断开 电磁刹车断开 加速器失效 刹车 泵停止工作	18	1. 电池参数设置错误 2. 电池阻抗过高 3. 再生制动时电池连接断开	原因：MOSFEET 桥工作时电容电压超过最高限压设置 解决：降低电压，然后重启钥匙开关

续表

NO.	编程器显示内容 （故障表现）	代码	可能的故障原因	深层故障原因 / 解决方法
8	控制器温度过低导致性能消减	21	1. 控制器在受限条件下工作 2. 控制器工作环境严酷	原因：散热器温度低于 -25 ℃ 解决：使散热器温度高于 -25 ℃
9	控制器温度过高导致性能消减 驱动以及再生制动力矩降低	22	1. 控制器工作环境过于严酷 2. 车辆超载 3. 控制器安装不正确	原因：散热温度超过 85 ℃ 解决：降低温度
10	电压过低性能消减驱动力矩降低	23	1. 电池电量不足 2. 电池参数设置错误 3. 非控制器系统耗尽电量 4. 电池阻抗过大 5. 电池连接断开 6. 熔断器断开或主接触器断开	原因：电容电压过低 解决：将电容端电压升高到高于最低电压限制值

任务二　突发事故处理

【任务描述】

通过前面的学习，小李同学学会了叉车驾驶技术，作为一名叉车驾驶员，你知道哪些情况可能会造成叉车安全事故吗？你知道如何预防这些安全事故发生吗？如果你还不甚清楚，那么学习典型的叉车安全事故案例，将有助于你更好地了解事故的成因并吸取教训。

【任务目标】

1. 了解电动叉车安全事故发生的主要原因。
2. 能对不同的电动叉车安全事故进行常规处理。
3. 树立规范的操作意识与安全素养。

【任务准备】

一、叉车发生安全事故的主要原因

（1）无证驾驶。

（2）驾驶前未检查叉车，存在安全装置（转向灯、制动、喇叭、照明等）不齐全、轮胎过度磨损等异常情况。

（3）驾驶过程中注意力不集中，并存在急于完成任务或图省事的错误心理。

（4）驾驶叉车超重行驶。

（5）直角转弯处不减速。

（6）转弯急转方向盘或紧急制动，引起侧滑甚至翻车。

（7）搬运大件货物，阻挡视线，车速过快。

（8）车轮碾压异物，飞起伤人。

二、叉车安全事故处理流程

（一）及时停止叉车

发生碰撞事故后，第一时间要停止叉车。

（二）人员伤亡处理流程

（1）轻微外伤处理。

①伤口较小。伤口较小的时候，出血一般不会很多，所以不要心急，伤口处的血液会慢慢地凝结。应先用冷开水或洁净的自来水冲洗，但不要去除已凝结的血块，然后可以贴上创可贴，避免伤口处被感染。

②瘀血。很多情况下并没有伤口，如车体碰撞、边线杆蹦开击打等，皮下会有瘀血。此时可以在伤处覆盖消毒纱布或干净毛巾，用冰袋冷敷半小时，再加压包扎，以减轻疼痛和肿胀。伤势严重者，应去医院。

③摔伤、伤口中进入泥沙等异物。很多人在出车祸、摔倒的时候，可能会出现擦伤，且伤口中会进入泥沙、碎玻璃等异物。此时，如果异物较少，且比较明显容易去除时，可以用消毒后的镊子取出，并使用医用酒精或过氧化氢消毒，最后缠上干净的纱布。但是，如果异物较多，难以去除，千万不要去触动、压迫和拔出，可将两侧创缘挤拢，用消毒纱布、绷带包扎后，立即去医院处理。

④伤口较大。伤口出血较多，可用干净毛巾或消毒纱布覆盖伤处，压迫 $10 \sim 20$ 分钟止血。然后用绷带加压包扎，直至不再出血，如果伤口出血得到解决，并且伤口没有出现被感染的情况，可以不去医院，自己处理即可，但是如果感觉到疼痛难忍，伤口可能感染，应该立即去医院处理。

（2）伤势相对严重。

①第一时间拨打 120 急救电话。

小贴士：拨打 120 急救电话的注意事项

1. 告知伤者性别、年龄、病情和具体症状，是否有神志不清、胸痛、呼吸困难、肢体瘫痪等症状，以便急救人员做好准备，到达后对症抢救。

2. 告知详细地址，要清楚、准确地讲明病人所在的详细地址，以及救护车进入的方向、位置，特别是夜间，以便急救人员可迅速、准确地到达现场。

3．留下可联系的电话号码并保持电话畅通，以便救护人员随时通过电话联络，进一步了解伤者伤情和电话指导抢救。

②对伤势进行简单处理。如果有人员被压，及时组织人员，尽量在不造成二次损伤的情况下进行施救。

③等待期间安抚好伤者情绪，做好周边情况处置（如障碍物处理等）。

（三）物品处理流程

（1）检查货物是否受损，及时采取补救措施。

（2）检查叉车是否受损，如安全装置（转向灯、制动、喇叭、照明灯等）、蓄电池、电解水是否倾倒出来。

（四）经济赔偿处理流程

（1）区分责任。

（2）按照责任对受伤人员的医疗费、误工费等相关损失进行赔偿。

①如果有相关保险，可通过保险进行理赔。

②没有购买保险的，则双方自行协商赔偿。

③协商不成，可以向法院提起诉讼。

（五）预防事故方法

（1）其余学员和叉车行驶场地保持一定距离。

（2）学员应该时刻观察周围情况，保持安全意识。

【任务实施】

案例一：观察图4-1完成下面的表格（表4-22）。

图4-1　叉车前进操作事故图

表 4-22　叉车前进操作事故分析

事故概述	发生事故的原因分析	该突发事件处理流程	何预防类似事件的方法
一名经验丰富的叉车驾驶员坐在叉车上指导一名新手驾驶叉车。新手操作失误，转错了方向盘，使老司机被夹在叉车和柱子之间			

案例二：观察图 4-2 完成下面的表格（表 4-23）。

图 4-2　叉车倒退操作事故图

表 4-23　叉车倒退操作事故分析

事故概述	发生事故的原因分析	该突发事件处理流程	预防类似事件的方法
叉车在仓库倒车转弯时，将后面的人撞伤			

案例三：观察图 4-3 完成下面的表格表（4-24）。

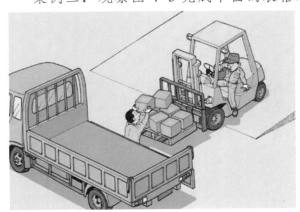

图 4-3　叉车停车操作事故图

表 4-24　叉车停车操作事故分析

事故概述	发生事故的原因分析	该突发事件处理流程	预防类似事件的方法
在卸货时，司机离开叉车座位，叉车迁移，将装卸工夹住			

【任务评价】

小组名称						成员名单	
学习效果评价（每个 20 分）	1．能说出发生安全事故的原因						
	2．能说出受伤人员的处理方法						
	3．能说出叉车损坏的处理方法						
态度素养考评（每个 20 分）	考评项目			组内评价	他组评价	教师评价	实际评分
	不迟到，不早退，积极参与教学						
	掌握本任务教学重点，并能进行知识拓展						

【任务小结】

姓名		班级		日期	
授课教师			任务名称		

任务内容解读：

1．人员受伤处理流程。

2．叉车受损检查。

3．民事赔偿处理。

任务操作反馈：

1．今天的操作内容你掌握了吗？（　　　）

A．完全掌握（100%）　　　　　　　　B．基本掌握（80%）

C．勉强掌握（60%）　　　　　　　　D．没有掌握（60% 以下）

2．本次任务哪一部分比较难，需要进一步练习？

任务完成反思：

1．本次任务有什么收获？

2．本次任务有需要自我改进的地方吗？

【任务拓展】

观察图 4-4，完成下面的表格（表 4-25）。

图 4-4 叉车装卸作业事故图

表 4-25 叉车装卸作业事故分析

事故概述	发生事故的原因分析	该突发事件处理流程	预防类似事件的方法
叉车司机用叉车运两包袋装货物，向后倒车时猛转了方向盘，叉车发生侧翻，驾驶员未系安全带，被压在叉车底下			

参 考 文 献

［1］伍玉坤．现代物流设备与设施［M］．北京：机械工业出版社，2014．

［2］蓝仁昌．仓储作业实训［M］．北京：高等教育出版社，2007．

［3］商磊．仓储作业实训［M］．北京：机械工业出版社，2015．

［4］于鸿彬．叉车操作实务［M］．北京：高等教育出版社，2014．